TERAPIA
COGNITIVO-COMPORTAMENTAL

Seth J. Gillihan

TERAPIA COGNITIVO-COMPORTAMENTAL
ESTRATÉGIAS PARA LIDAR COM ANSIEDADE, DEPRESSÃO, RAIVA, PÂNICO E PREOCUPAÇÃO

Título original em inglês: *Cognitive Behavioral Therapy Made Simple – 10 Strategies for Managing Anxiety, Depression, Anger, Panic, and Worry.*
Copyright © 2018 Seth J. Gillihan. Todos os direitos reservados.
Publicado mediante acordo com Althea Press, um selo da Callisto Media Inc.

Esta publicação contempla as regras do Novo Acordo Ortográfico da Língua Portuguesa.

Editor-gestor: Walter Luiz Coutinho
Produção editorial: Retroflexo Serviços Editoriais Ltda.
Tradução: Laura Folgueira
Revisão de tradução e revisão de prova: Depto. editorial da Editora Manole
Diagramação e projeto gráfico: R G Passo
Ilustração da p. 21 © 2018 Megan Dailey
Capa: Ricardo Yoshiaki Nitta Rodrigues
Imagem da capa: istockphoto

CIP-BRASIL. CATALOGAÇÃO NA PUBLICAÇÃO
SINDICATO NACIONAL DOS EDITORES DE LIVROS, RJ

G397t

Gillihan, Seth J.
    Terapia cognitivo-comportamental : estratégias para lidar com ansiedade, depressão, raiva, pânico e preocupação / Seth J. Gillihan ; [tradução Laura Folgueira]. - 1. ed. - Barueri [SP] : Manole, 2021.
    23 cm.

    Tradução de: Cognitive behavioral therapy made simple : 10 strategies for managing anxiety, depression, anger, panic, and worry
    Inclui bibliografia
    ISBN 9786555763416

    1. Terapia cognitiva. 2. Terapia do comportamento. 3. Emoções e cognição. 4. Saúde mental. I. Folgueira, Laura. II. Título.

20-67210

CDD: 616.891425
CDU: 615.851

Camila Donis Hartmann - Bibliotecária CRB-7/6472

Todos os direitos reservados.
Nenhuma parte desta publicação poderá ser reproduzida, por qualquer processo, sem a permissão expressa dos editores. É proibida a reprodução por fotocópia.

A Editora Manole é filiada à ABDR – Associação Brasileira de Direitos Reprográficos.

Edição brasileira – 2021

Direitos em língua portuguesa adquiridos pela:
Editora Manole Ltda.
Av. Ceci, 672 – Tamboré – 06460-120 – Barueri – SP – Brasil
Fone: (11) 4196-6000 | www.manole.com.br | https://atendimento.manole.com.br
Impresso no Brasil | *Printed in Brazil*

*Para Marcia, com amor e gratidão
por compartilhar esta vida comigo.*

A Medicina é uma área do conhecimento em constante evolução. Os protocolos de segurança devem ser seguidos, porém novas pesquisas e testes clínicos podem merecer análises e revisões, inclusive de regulação, normas técnicas e regras do órgão de classe, como códigos de ética, aplicáveis à matéria. Alterações em tratamentos medicamentosos ou decorrentes de procedimentos tornam-se necessárias e adequadas. Os leitores, profissionais da saúde que se sirvam desta obra como apoio ao conhecimento, são aconselhados a conferir as informações fornecidas pelo fabricante de cada medicamento a ser administrado, verificando as condições clínicas e de saúde do paciente, dose recomendada, o modo e a duração da administração, bem como as contraindicações e os efeitos adversos. Da mesma forma, são aconselhados a verificar também as informações fornecidas sobre a utilização de equipamentos médicos e/ou a interpretação de seus resultados em respectivos manuais do fabricante. É responsabilidade do médico, com base na sua experiência e na avaliação clínica do paciente e de suas condições de saúde e de eventuais comorbidades, determinar as dosagens e o melhor tratamento aplicável a cada situação. As linhas de pesquisa ou de argumentação do autor, assim como suas opiniões, não são necessariamente as da Editora.

Esta obra serve apenas de apoio complementar a estudantes e à prática médica, mas não substitui a avaliação clínica e de saúde de pacientes, sendo do leitor – estudante ou profissional da saúde – a responsabilidade pelo uso da obra como instrumento complementar à sua experiência e ao seu conhecimento próprio e individual.

Do mesmo modo, foram empregados todos os esforços para garantir a proteção dos direitos de autor envolvidos na obra, inclusive quanto às obras de terceiros e imagens e ilustrações aqui reproduzidas. Caso algum autor se sinta prejudicado, favor entrar em contato com a Editora.

Finalmente, cabe orientar o leitor que a citação de passagens desta obra com o objetivo de debate ou exemplificação ou ainda a reprodução de pequenos trechos desta obra para uso privado, sem intuito comercial e desde que não prejudique a normal exploração da obra, são, por um lado, permitidas pela Lei de Direitos Autorais, art. 46, incisos II e III. Por outro, a mesma Lei de Direitos Autorais, no art. 29, incisos I, VI e VII, proíbe a reprodução parcial ou integral desta obra, sem prévia autorização, para uso coletivo, bem como o compartilhamento indiscriminado de cópias não autorizadas, inclusive em grupos de grande audiência em redes sociais e aplicativos de mensagens instantâneas. Essa prática prejudica a normal exploração da obra pelo seu autor, ameaçando a edição técnica e universitária de livros científicos e didáticos e a produção de novas obras de qualquer autor.

Editora Manole

GUIA RÁPIDO PARA COMEÇAR

Será que este livro é para você? Leia as afirmações abaixo e marque o quadro se a afirmação descrever como você se sente com frequência.

☐ Tenho medo do próximo ataque de ansiedade.

☐ Tenho dificuldade de dormir.

☐ Preocupo-me desnecessariamente com muitas coisas.

☐ Sinto-me tenso e ansioso e tenho dificuldade de relaxar.

☐ Alguns objetos ou situações me apavoram.

☐ Evito coisas que preciso fazer porque me deixam ansioso.

☐ Sinto-me extremamente nervoso em algumas situações sociais ou as evito, se possível.

☐ Minhas reações de raiva parecem exageradas para a situação.

☐ Não entendo por que sinto tanta raiva.

☐ Minha raiva causou problemas em meus relacionamentos.

☐ Não consigo me interessar por coisas das quais antes gostava.

☐ Sinto que não tenho nada pelo que esperar no futuro.

☐ Tenho dificuldade de me concentrar e tomar decisões.

☐ Não gosto de mim mesmo.

☐ É difícil achar a energia e a motivação de que preciso.

Se você assinalou vários dos quadros, pode se beneficiar deste livro. Continue lendo para aprender sobre TCC e como você pode tomar para si parte do processo terapêutico.

Sumário

Sobre o autor   xi
Agradecimentos   xiii
Prefácio   xv
Introdução   xix

CAPÍTULO 1	Seu guia de iniciante da TCC	1
CAPÍTULO 2	Defina objetivos	13
CAPÍTULO 3	Ative o comportamento	24
CAPÍTULO 4	Identifique e quebre padrões de pensamentos negativos	41
CAPÍTULO 5	Identifique e mude suas crenças centrais	56
CAPÍTULO 6	Mantenha a atenção plena	68
CAPÍTULO 7	Cumpra a tarefa: combata a procrastinação	81
CAPÍTULO 8	Trabalhe para superar a preocupação, o medo e a ansiedade	92
CAPÍTULO 9	Mantenha a calma: lidando com a raiva excessiva	108
CAPÍTULO 10	Seja gentil consigo mesmo	120
CONCLUSÃO	Siga em frente	137

Recursos   143
Referências bibliográficas   149
Índice remissivo   157

Sobre o autor

O psicólogo **Seth J. Gillihan, PhD**, é professor assistente clínico de psicologia no Departamento de Psiquiatria na University of Pennsylvania. O dr. Gillihan escreveu mais de quarenta artigos e capítulos de livros sobre a eficácia da terapia cognitivo-comportamental (TCC) no tratamento da ansiedade e da depressão, como a TCC funciona e o uso de imagens cerebrais para estudar doenças psiquiátricas. É autor de *Retrain Your Brain: Cognitive Behavioral Therapy in 7 Weeks (Treine seu cérebro: terapia cognitivo-comportamental em sete semanas)*, um livro de exercícios autodirigidos para lidar com a depressão e a ansiedade, e coautor com Janet Singer de *Overcoming OCD: A Journey to Recovery*. O dr. Gillihan tem um consultório em Haverford, Pensilvânia, onde se dedica a intervenções baseadas em TCC e *mindfulness* para ansiedade, depressão e problemas afins. Vive perto da Filadélfia com sua esposa e três filhos.

Agradecimentos

Muitas pessoas contribuíram com a escrita deste livro de uma forma ou de outra. O reconhecimento vai primeiro para meus pais, Charles e Carolyn Gillihan, por todo o trabalho na criação de cinco filhos. Somente duas décadas depois de ter saído de casa entendi o que é necessário para ser um pai amoroso e envolvido e ao mesmo tempo lidar com as melhores e mais difíceis fases da vida. Também agradeço a meus irmãos, Yonder, Malachi, Tim e Charlie – a vida não seria a mesma sem o laço que temos.

Comecei meu treinamento clínico na George Washington University e tive a sorte de ter o dr. Raymond Pasi como professor em minha primeira disciplina. Continuei a desfrutar da sabedoria e do humor dele pelos últimos dezessete anos. O professor Rich Lanthier me apresentou ao campo do desenvolvimento humano e foi um guia essencial ao meu próprio desenvolvimento na pós-graduação.

Fui atraído à University of Pennsylvania para meu doutorado em razão da sua forte reputação em treinamento de TCC e tive uma experiência ainda melhor do que esperava, graças ao talentoso corpo docente. A dra. Dianne Chambless, líder em tratamentos psicológicos baseados em evidências, enriqueceu minha experiência por meio de seu cargo como diretora de treinamento clínico. A dra. Melissa Hunt me ensinou habilidades de avaliação baseada em evidências que uso até hoje. O dr. Alan Goldstein, meu primeiro supervisor de terapia, provou que a TCC pode ser tão afetuosa quanto é eficaz. Gostei tanto da supervisão do dr. Rob DeRubeis em terapia cognitiva que fiz o curso prático dele três vezes e me esforço para refletir sua abordagem em minha própria atuação como supervisor. Minha brilhante orientadora, dra. Martha Farah, enriqueceu minha experiência na pós-graduação; continuo desfrutando de sua gentileza e liderança.

Obrigado ainda ao dr. Zindel Sega, pioneiro em terapia cognitiva baseada em *mindfulness*, por uma apresentação estimulante ao *mindfulness* em um contexto clínico perto do fim de meu treinamento na pós-graduação.

A dra. Elyssa Kushner me ajudou a evoluir a partir daí, quando eu estava em meu primeiro cargo docente; sua instrução sobre tratamento baseado em *mindfulness* para ansiedade foi uma valiosa "terceira onda" em meu próprio desenvolvimento como terapeuta. Aprendi com a dra. Edna Foa não apenas as nuances de poderosos tratamentos de exposição, mas também como dar valor a cada palavra como escritor; a paixão dela pela divulgação científica se reflete em meu trabalho desde que parei de atuar na academia em tempo integral.

Desde aquela época, tive a grande sorte de conectar-me com um grupo forte e talentoso de clínicos da comunidade, incluindo, entre meus colaboradores frequentes, os doutores Rick Summers, David Steinman, Donald Tavakoli, Pace Duckett, Matt Kayser, Dhwani Shah, Catherine Riley, Teresa Saris e Madeleine Weiser (que também oferece um atendimento pediátrico excelente a nossos filhos), além de outros, numerosos demais para listar aqui.

Sou grato pelo apoio e pela amizade de meus amigos e colegas psicólogos, os doutores Lucy Faulconbridge, Jesse Suh, David Yusko, Steven Tsao, Mitch Greene, Marc Tannenbaum, Eliot Garson, Katherine Dahlsgaard e outros. Também me beneficiei enormemente de ser amigo do especialista em sono dr. Jeff Ellenbogen, dos psiquiatras dr. Matt Hurford e dr. Ted Brodkin e do especialista em forma física e emagrecimento dr. Aria Campbell-Danesh. Obrigado ao especialista em bem-estar dr. James Kelley por estimular discussões sobre o lugar da TCC no bem-estar geral, para não falar nas inúmeras sessões de lamentação durante nossas corridas de manhã cedo – tenho saudade dessa época.

Continuo a aproveitar a expertise e os conselhos de Corey Field. Obrigado à minha fantástica editora na Callisto Media, Nana K. Twumasi, pela oportunidade de trabalharmos juntos novamente.

Nas últimas duas décadas, tive o privilégio de tratar centenas de homens e mulheres corajosos o bastante para procurar ajuda. Obrigado por permitir-me compartilhar parte de sua jornada – muitas das lições que aprendi nesse caminho estão neste livro.

Finalmente, minha mais profunda gratidão, como sempre, à minha esposa, Marcia, e nossos três filhos. Vocês são uma fonte contínua de amor e inspiração em tudo o que faço. Não há palavras para descrever como me sinto afortunado por dividir a aventura da vida com vocês.

Prefácio

A **terapia cognitivo-comportamental (TCC)** é um poderoso tratamento psicológico com raízes em uma teoria coerente e abrangente das emoções, bem como dos comportamentos conectados a elas. A teoria é capaz de guiar a descoberta das fontes das dificuldades emocionais de cada um. Igualmente importantes são as ferramentas da TCC, derivadas da teoria desenvolvida por profissionais ao longo dos últimos quarenta anos. Essa grande variedade de técnicas permite que os terapeutas adaptem suas intervenções às necessidades e preferências específicas de cada paciente. Por necessitar de um terapeuta qualificado para ajudar pacientes a identificar seus padrões únicos e para selecionar e adaptar as ferramentas corretas, como o poder da TCC pode ser transmitido em um livro? Aí entra o dr. Seth Gillihan, que, em uma linguagem clara e direta, consegue se conectar com qualquer leitor que queira compreender e lidar com suas próprias barreiras à boa saúde mental.

A voz calma e confiante por trás deste livro me é muito conhecida. Em 2005, Seth tornou-se o 50º aluno de PhD na University of Pennsylvania (Penn) a quem dei aula e supervisionei em um curso prático de um ano em TCC. Durante os últimos 35 anos, tive o privilégio de ensinar os princípios e a prática da TCC para alguns dos jovens profissionais mais impressionantes e motivados que se poderia esperar conhecer. Seu nível de talento e conhecimento, além de seu compromisso em aprender, não deixam de me impressionar. Mas Seth me marcou por sua sabedoria e habilidade de se conectar a indivíduos de todos os históricos e estilos de vida. Ele tem uma habilidade sem paralelo para transmitir o melhor do que aprendi com meus próprios mentores, os drs. Steven Hollon e Aaron T. Beck, e adicionou *insights* próprios extremamente úteis.

Percebi o dom de Seth como profissional de cuidado pela primeira vez ao assistir a gravações em vídeo de suas sessões de terapia, ler suas anotações de caso e ouvir suas descrições claríssimas dos sucessos – e dos obstáculos – que ele e seus pacientes experimentavam trabalhando juntos. Hoje, vejo o mesmo Seth Gillihan, com muito mais experiência, tendo "se aquecido" para o outro projeto de escrever *Retrain Your Brain: Cognitive Behavioral Therapy in 7 Weeks (Treine seu cérebro: terapia cognitivo-comportamental em sete semanas)*, um ótimo livro de exercícios, além de coescrever um guia prático e sensível para indivíduos com transtorno obsessivo-compulsivo e seus familiares.

Seu livro mais recente é uma leitura deliciosa, o que não é pouco dada a seriedade do tema e seu tratamento honesto e realista dos problemas. O livro é capaz de cobrir um grande terreno, em detalhe, mas se manter "simples". Ele se apoia ainda mais nas forças de Seth, incluindo uma capacidade sem igual de organizar e estruturar material, o que torna mais fácil compreender e reter as muitas ideias encontradas em suas páginas. O que é único nesta publicação é o ritmo que Seth estabelece desde o início e carrega por cada capítulo, detalhando como lidar com pensamentos intrusivos, como usar comportamentos para alterar padrões problemáticos e, por fim, como cuidar e estar consciente do que é importante em nossas vidas. Fiquei tão impressionado com esse ritmo que agora o incluo em minhas próprias aulas: Pensar, Agir e Ser. O que poderia ser mais simples? E, ainda assim, as ideias que essas palavras refletem são ricas e poderosas o bastante para produzir mudanças positivas sísmicas na vida dos pacientes em terapia. Elas podem fazer o mesmo pelos leitores deste livro.

Mesmo que um leitor não tenha problemas em uma das áreas abordadas pelo livro (tristeza, preocupação, medo, raiva, procrastinação, autocrítica), recomendo fortemente as seções sobre três temas em particular: procrastinação, raiva e "comportamentos de segurança". Os *insights* de Seth sobre esses padrões muitas vezes enigmáticos, mas tão comuns, são muito interessantes! E, no mínimo, suas caracterizações desses padrões podem ajudar o leitor a entender um pouco melhor como eles atrapalham seus amigos, colegas ou familiares.

A maioria de nós procrastina, mas não tem ideia das fontes ou dos processos por trás da procrastinação. A raiva, comum demais em versões inapropriadas ou excessivas, pode ser compreendida, e isso é metade do caminho para controlar esse sentimento ou ajudar um parceiro que esteja com esse problema. Finalmente, comportamentos de segurança impedem que aqueles que têm medos irreais ou comportamentos compulsivos se libertem e desfrutem do que a vida tem a oferecer. Ler a análise de Seth sobre esses padrões é revelador e envolvente. É um ótimo exemplo, bem explicado, do progresso feito por psicólogos na compreensão de "o que motiva uma pessoa".

Alguns leitores buscarão este livro para se aprimorar nos princípios e práticas da TCC que encontraram em sessões de terapia individuais ou em outro lugar. Outros aprenderão pela primeira vez e descobrirão tudo de que precisam para se libertar de estresse emocional improdutivo e desnecessário e tomar um caminho para uma vida melhor. Este livro também pode servir como um primeiro passo muito necessário para aqueles com problemas mais graves que consideraram tomar antidepressivos ou remédios ansiolíticos, ou que os experimentaram e não os acharam úteis, assim como para aqueles que não conseguem achar um terapeuta com quem estejam dispostos a trabalhar. Muitas dessas pessoas encontrarão tudo de que precisam nestas páginas. Haverá ainda outros que começarão a aprender sobre as fontes e soluções para dificuldades emocionais que os seguram e impedem de desfrutar a vida, e isso os motivará a buscar orientação ou ajuda profissional apropriada. Podem levar o que aprenderam com Seth e com os exercícios neste livro para a terapia individual ou em grupo, se esse for o melhor próximo passo.

Permita-me terminar com uma reflexão sobre a sorte que tive por ter tido a oportunidade de contribuir com o crescimento de Seth como psicólogo. Agora, essa sorte é sua por ter encontrado este guia verdadeiramente útil e (vou dizer de novo) muito interessante para problemas emocionais comuns e formas eficazes de superá-los. Peço que você aproveite essa sorte e tome um caminho para uma vida melhor.

Robert J. DeRubeis, Ph.D.
Samuel H. Preston Term Professor in the
Social Sciences and Professor of Psychology
School of Arts and Sciences
University of Pennsylvania

Introdução

Em algum ponto, todos nós nos veremos dominados por emoções opressivas. Pode ser uma sensação de apreensão ansiosa, depressão que tira a cor da vida, pânico que ataca nos momentos mais inoportunos, raiva frequente e excessiva ou outras experiências que se apoderam de nossa mente e nosso coração. Quando somos tirados do prumo emocionalmente, precisamos de maneiras comprovadas para recuperar nosso equilíbrio e encontrar alívio o mais rápido possível.

No início de minha formação clínica, aprendi que alguns tipos de tratamento têm muito mais evidências para apoiá-los, em especial a terapia cognitivo-comportamental (TCC). Meu primeiro supervisor de terapia me encorajou a buscar treinamento especializado em TCC, o que me levou à University of Pennsylvania, uma escola com um rico histórico em tratamentos cognitivos e comportamentais. Concentrando-me no tratamento para depressão durante meu doutorado, vi como a depressão desvia nossos pensamentos em direções prejudiciais e como a TCC pode retreinar nossos pensamentos para nos servir melhor. Também aprendi que incluir atividades mais recompensadoras em nossas vidas pode ter efeitos antidepressivos poderosos.

Quando terminei meu doutorado, aceitei com animação uma posição de professor no Centro para o Tratamento e Estudo da Ansiedade da universidade, que desenvolvera muitos dos melhores tratamentos para ansiedade. Durante meus quatro anos ali, tive experiências intensas no tratamento de ansiedade debilitante, transtorno obsessivo-compulsivo e trauma. Vi centenas de vidas transformadas por programas de tratamento que ajudam as pessoas a enfrentar seus medos de frente. Ali, aprendi que focar a atenção no presente com abertura e curiosidade é uma maneira poderosa de quebrar o domínio da ansiedade e da depressão. Essa abordagem baseada em *mindfulness*, ou atenção plena, tem sido apoiada por pesquisas o bastante para garantir seu *status* como a "terceira onda" da TCC, junto com técnicas cognitivas e comportamentais.

Durante as últimas duas décadas como estudante, pesquisador, terapeuta e supervisor, duas coisas se destacaram para mim sobre tratamentos eficazes. Número um, eles são simples: *faça atividades agradáveis. Pense coisas úteis. Enfrente seus medos. Esteja presente. Cuide de si mesmo.* Nenhuma dessas abordagens é chocante ou complicada. Eu me esforcei para capturar essa simplicidade nos capítulos a seguir. Quando estamos sofrendo, tipicamente não temos tempo, desejo ou energia para ler página após página de descobertas acadêmicas ou estudar um tratado sobre as nuances esotéricas na área. Precisamos de opções diretas que possamos usar imediatamente.

Número dois, eles não são fáceis. Aprendi que, apesar de sua simplicidade, esses tratamentos eficazes ainda exigem trabalho. É difícil fazer mais do que você ama quando você está deprimido e desmotivado, é difícil lidar com seus medos quando você está lutando contra o pânico, é difícil treinar uma mente hiperativa a descansar no momento. É aí que você encontrará o poder da TCC – ela fornece não só um objetivo pelo qual trabalhar, mas técnicas administráveis e um plano sistemático para conduzir você até ele.

Em meu livro anterior, *Retrain Your Brain*, ofereci um plano estruturado de sete semanas para lidar com a ansiedade e a depressão num formato de livro de exercícios. Você verá que este livro é similar em sua abordagem simplificada, já que apresento as partes mais essenciais dos tratamentos. Mas, ao contrário de *Retrain Your Brain*, este é pensado para aqueles que não precisam necessariamente completar um livro de exercícios inteiros. Em vez disso, este livro oferece uma coleção de técnicas rápidas, altamente acessíveis e baseadas em pesquisas que podem ser usadas conforme necessário para lidar com sofrimentos diversos.

O livro foi pensado para ser útil àqueles que nunca ouviram falar de TCC, que estão atualmente trabalhando com um terapeuta ou que usaram a TCC no passado e querem uma fonte para recorrer nos casos de atualizações periódicas. Independentemente de seus conhecimentos anteriores sobre TCC, espero que você volte a este livro sempre que necessário. Todos precisamos de lembretes sobre aquilo que nos faz sentir melhor.

Quero dizer *todos* mesmo. Quero garantir a você que não estou escrevendo este livro em nenhuma torre de marfim, cercado em segurança por teorias abstratas. Como todo mundo, estou envolvido com as dores e delícias de estar vivo. Estou animado por oferecer a você um guia que tornará verdadeiramente simples compreender a TCC.

Espero que este livro seja útil a você, para que nada lhe impeça de viver uma vida que ama.

CAPÍTULO

1

Seu guia de iniciante da TCC

A terapia cognitivo-comportamental (TCC) emergiu nas últimas décadas como a abordagem mais testada para lidar com uma ampla gama de doenças psicológicas. Neste capítulo, exploraremos o que é a TCC, como ela foi desenvolvida e o que a torna tão eficaz. Também consideraremos como ela pode ajudar com problemas específicos, como depressão e ansiedade.

TCC: o início

A terapia cognitivo-comportamental é uma forma de psicoterapia focada na solução, pensada para reduzir sintomas e melhorar o bem-estar o mais rápido possível. Como sugere o nome, a TCC inclui tanto um componente cognitivo, cujo foco é mudar padrões problemáticos de pensamento, como um componente comportamental, que ajuda a desenvolver ações que nos sejam úteis. Esses pilares da TCC foram desenvolvidos de modo mais ou menos independente. Vamos estudar cada uma dessas abordagens antes de rever como elas foram unidas.

Terapia comportamental

Na primeira metade do século XX, a psicanálise era a forma mais comum de psicoterapia para problemas psicológicos. Essa abordagem era baseada na teoria da mente de Sigmund Freud e muitas vezes envolvia encontros regulares com um terapeuta por alguns anos, bem como a exploração da infância e criação do paciente.

Embora inúmeras pessoas tenham se beneficiado da psicanálise e de tratamentos similares, outros especialistas em comportamento humano começaram a buscar formas de encontrar alívio mais rápido. Inspiraram-se em descobertas então recentes sobre como animais (incluindo humanos) aprendem, e começaram a aplicar esses princípios para tratar doenças como ansiedade e depressão.

Esses esforços levaram ao desenvolvimento da terapia comportamental por indivíduos como o psiquiatra Joseph Wolpe e o psicólogo Arnold Lazarus. Wolpe e outros descobriram que mudanças diretas no comportamento de alguém podiam trazer alívio. Por exemplo, pessoas com fobias podiam superar seus medos enfrentando gradualmente o que as assustava. Graças a esses desenvolvimentos, já não era mais preciso passar anos num divã escavando acontecimentos da infância – algumas sessões de trabalho direcionado podiam fornecer um alívio duradouro.

Terapia cognitiva

Pouco depois do advento das primeiras terapias comportamentais, outros especialistas de saúde mental propuseram uma explicação diferente para dificuldades psicológicas. O psiquiatra Aaron T. Beck e o psicólogo Albert Ellis propuseram a ideia de que nossos pensamentos têm efeitos poderosos sobre nossos sentimentos e comportamentos. De acordo com isso, defenderam que nossa infelicidade surge de nossos pensamentos. Por exemplo, acreditava-se que a depressão era alimentada por crenças excessivamente negativas sobre si mesmo e o mundo (por exemplo: "Sou um fracasso").

Segundo Beck e outros criadores da terapia cognitiva, o tratamento precisava primeiro identificar os pensamentos lesivos e depois trabalhar para substituí-los por outros mais precisos e úteis. Com a prática, as pessoas poderiam desenvolver formas de pensar que promovessem sentimentos e comportamentos positivos.

Combinando as terapias comportamental e cognitiva

Embora as terapias comportamental e cognitiva tenham sido criadas de forma mais ou menos independente, na prática são complementares. De fato, não muito tempo depois de sua criação os dois fios foram integrados, formando a TCC. Até Aaron T. Beck, pai da terapia cognitiva, renomeou sua abordagem de tratamento de "terapia cognitiva e de comportamento", em linha com a inclusão de técnicas comportamentais naquilo que antes se chamava terapia cognitiva. Essa integração é uma boa notícia para aqueles que precisam de tratamento e que agora podem receber um pacote mais completo.

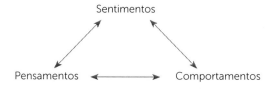

Combinar essas terapias também nos ajuda a ver como nossos pensamentos, sentimentos e comportamentos se encaixam (ver a figura anterior). Por exemplo, quando nos sentimos muito ansiosos, tendemos a ter pensamentos sobre perigo, e estes aumentam nossa ansiedade. Esses pensamentos e sentimentos, por sua vez, farão com que tenhamos mais tendência a evitar aquilo que tememos, o que reforçará nossa ansiedade. Quando entendemos essas conexões, é mais fácil achar formas de nos sentirmos melhor.

Uma terceira onda: terapia baseada em *mindfulness*

Nos anos 1970, Jon Kabat-Zinn, formado em biologia molecular, começou a testar um novo programa chamado redução de estresse baseada em *mindfulness* (MBSR, na sigla em inglês), com base em práticas que já existiam havia milhares de anos. A base do *mindfulness*, ou atenção plena, é a ideia de que podemos aliviar o sofrimento concentrando nossa atenção nas experiências do momento presente, em vez de ruminar sobre o passado ou nos preocupar com o futuro. A consciência plenamente atenta também inclui uma abertura deliberada à realidade.

Kabat-Zinn e seus colegas descobriram que a MBSR era muito eficaz em reduzir o estresse entre pessoas com dores crônicas. Desde então, tratamentos baseados em *mindfulness* foram desenvolvidos e testados contra doenças como depressão, insônia e ansiedade.

Assim como as terapias cognitiva e comportamental foram unidas, a terapia baseada em *mindfulness* foi integrada a alguns programas de TCC. Por exemplo, o psicólogo Zindel Segal e seus colegas descobriram que integrar o treinamento de *mindfulness* à terapia cognitiva reduzia recaídas depressivas após o fim da terapia. Tratamentos baseados em *mindfulness* fazem parte do que hoje se chama de "terceira onda" da TCC, tendo conseguido muito apoio a partir de estudos clínicos, e é por isso que incluí técnicas de *mindfulness* ao longo deste livro.

Princípios da TCC

Antes de começar sua jornada pela TCC, vamos dar uma olhada em alguns de seus princípios fundamentais. Eles ajudarão a guiá-lo pelo caminho da prática efetiva.

A TCC enfatiza a colaboração e a participação ativa. A TCC funciona melhor quando você assume um papel ativo em definir objetivos de tratamento e decidir como vai atingi-los. A prática terapêutica, guiada por um terapeuta ou por um recurso como este livro, traz conhecimento sobre princípios e técnicas gerais, mas é preciso colaboração para adaptar esses componentes a suas necessidades específicas.

A TCC é orientada a objetivos e voltada a problemas específicos. Uma parte crucial do trabalho na TCC é definir o problema, o que, então, o faz parecer mais administrável. Definir objetivos claros que são importantes para você é um passo intimamente relacionado no tratamento. Esses objetivos focarão sua energia e alimentarão seus esforços enquanto trabalhamos na direção deles.

A TCC está fundamentada no aqui e agora. Ao contrário de algumas terapias que se concentram principalmente em acontecimentos da infância, a TCC foca o modo como os pensamentos e ações do presente podem ser parte de dificuldades atuais e como mudar esses padrões pode ajudar. Embora a TCC considere que experiências de aprendizado do início da vida são importantes, sua ênfase no presente faz dela um tratamento empoderador, focado em fatores que estão dentro de nosso controle.

A TCC busca ensinar você a ser seu "próprio terapeuta". Com a TCC, você aprenderá algumas habilidades básicas para lhe ajudar a lidar com as questões que lhe levaram à terapia. Praticando, você poderá aplicar essas técnicas sozinho, mesmo com novos desafios que surgem. A TCC é um tratamento do tipo "ensine a pessoa a pescar", que fica com você depois que a terapia acaba.

A TCC enfatiza a prevenção a recaídas. Aprender como permanecer bem é uma parte integral da TCC. Compreendendo os fatores que contribuíram com a ansiedade, depressão ou outros problemas, podemos estar atentos aos sinais de alerta de uma recaída. Por exemplo, uma mulher que se recuperou da depressão pode ficar ciente de uma tendência a se afastar de atividades que a fazem sentir-se bem. Esses fatores são o motivo de as taxas de recaída de depressão e ansiedade serem mais baixas com TCC do que com medicamento. É essencial que a pessoa continue praticando os novos hábitos da TCC, assim como alguém que aprendeu a tocar um instrumento musical precisa continuar praticando e tocando para manter-se afiado.

A TCC tem tempo definido. A TCC cumpre seu objetivo de oferecer alívio num período de tempo relativamente curto. Por exemplo, um programa de tratamento típico para depressão tem cerca de dezesseis sessões; fobias, como o medo de cachorros, podem ser tratadas de forma eficaz em uma única sessão de duas a quatro horas. Programas de tratamento mais curto também podem ser motivadores, dando um senso de urgência ao trabalho.

A TCC é estruturada. Os elementos do tratamento com TCC são apresentados numa ordem previsível, com as últimas sessões sendo construídas em cima das primeiras. Cada sessão também segue uma rotina consistente, começando com uma revisão de como foi a prática entre as sessões, lidando com o material do dia e, por fim, planejando como aplicar esse material em sua vida nos dias seguintes. Essa abordagem organizada é uma grande parte do que torna a TCC uma forma eficiente de terapia.

A TCC ajuda a lidar com pensamentos negativos automáticos. No coração da TCC está o reconhecimento de que nossos pensamentos com frequência nos enganam. Temos tendência a pensamentos negativos automáticos, que, como sugere o nome, acontecem de forma espontânea. A TCC ajuda a aprender a identificar e reagir a esses pensamentos negativos automáticos. Por exemplo, um homem que não recebe uma promoção pode ter o pensamento negativo automático: "As coisas nunca dão certo para mim". Na TCC, aprendemos primeiro a reconhecer o que nossa mente está nos dizendo, já que esses pensamentos podem ocorrer fora de nossa percepção consciente. Então testamos a veracidade dos pensamentos. Com a prática, podemos desenvolver formas de pensar que nos ajudam mais.

A TCC envolve uma variedade de técnicas. Uma gama impressionante de técnicas está sob o conceito da TCC, desde treinamento de relaxamento a reestruturação cognitiva, passando por ativação, exposição e meditação comportamentais. Parte do trabalho da TCC é descobrir quais técnicas são mais úteis para uma pessoa específica. Você encontrará muitas dessas ferramentas nos capítulos a seguir e descobrirá quais delas lhe trarão mais benefícios.

Gosto de organizar as técnicas da TCC sob os temas "Pensar" (cognitivo), "Agir" (comportamental) e "Ser" (*mindfulness*). Vou me referir a esses rótulos algumas vezes ao longo deste livro.

Como e por que a TCC funciona

A maioria dos princípios e das práticas de TCC provavelmente não surpreenderá você. Por exemplo, enfrentar nossos medos para superá-los não é uma ideia exatamente nova. As pessoas que tratei em meu consultório às vezes ficam céticas de que técnicas simples como planejar atividades específicas e cuidar de nossos pensamentos possam de fato ser úteis. Se fosse fácil assim, elas imaginam, já teriam melhorado. Como veremos, a TCC não tem a ver só com o que fazemos, mas também com o modo como fazemos. Vamos considerar os aspectos da abordagem da TCC que a tornam tão benéfica.

Quebrar em partes

A TCC quebra desafios grandes em peças menores, mais administráveis. Uma sensação avassaladora de depressão, por exemplo, pode ser decomposta em uma coleção de pensamentos, sentimentos e comportamentos mais administráveis. Podemos, então, assinalar técnicas específicas para cada componente, como reestruturação cognitiva para lidar com pensamentos depressivos. A TCC também quebra tarefas intransponíveis em uma série de passos possíveis.

Treinamento estruturado

Saber o que precisamos fazer para nos sentirmos melhor é algo útil, mas só nos leva até certo ponto. O treinamento sistemático e estruturado da TCC garante que recebamos uma "dose" adequada das técnicas que podem trazer alívio. Por exemplo, podemos estar cientes de que nossos pensamentos raivosos são enviesados, mas quando de fato escrevemos o que estamos pensando, ficamos numa posição melhor para examiná-los com cuidado e substituí-los conforme necessário.

MEDICAMENTOS PSIQUIÁTRICOS COMUNS

Os medicamentos mais comumente prescritos para depressão e ansiedade são inibidores seletivos da recaptação da serotonina (ISRS) e benzodiazepínicos. Os ISRS costumam ser chamados de "antidepressivos", mas podem tratar a ansiedade mais ou menos tão bem quanto a depressão. Em doses altas, também tratam transtorno obsessivo-compulsivo. Exemplos incluem fluoxetina, fluvoxamina e sertralina.

Benzodiazepínicos funcionam rapidamente para acalmar o sistema nervoso, agindo sobre os mesmos receptores do cérebro que o álcool e os barbitúricos. Benzodiazepínicos comumente prescritos incluem alprazolam, lorazepam e clonazepam. Além de ansiedade, são usados para tratar insônia e agitação.

Esses medicamentos podem ser tão eficazes quanto a TCC, mas a recaída tende a ser mais comum se o paciente parar de tomá-los. Muitos se beneficiam de uma combinação de TCC e medicamentos psiquiátricos.

Efeitos colaterais comuns dos ISRS incluem náusea ou vômitos, ganho de peso, diarreia, sonolência ou disfunções sexuais; o uso de benzodiazepínicos pode levar a náusea, visão borrada, dor de cabeça, confusão, cansaço, pesadelos ou perda de memória, entre outras possibilidades. Os médicos que os prescrevem levarão em conta os benefícios potenciais de um ISRS ou benzodiazepínico *versus* os efeitos colaterais comuns.

Este livro é focado em TCC, não em medicação. Converse com um psiquiatra se estiver interessado em uma consulta medicamentosa.

Prática repetida

A maior parte do trabalho da TCC acontece fora do consultório ou após nossa leitura sobre TCC. Não é fácil construir novos hábitos, em particular quando temos extrema prática em fazer coisas que não estão funcionando para nós. É preciso repetição para reprogramar nossas reações automáticas a situações difíceis.

Ciência clínica

Desde o começo, a TCC esteve ligada a evidências e resultados. *Funciona? É mesmo eficaz?* Como as sessões de tratamento são claramente organizadas, os programas de TCC podem ser padronizados e testados com grupos de controle. Com base nesses estudos clínicos, podemos ter uma ideia do efeito médio de certo número de sessões sobre uma doença específica. Estudos recentes estenderam essas descobertas e confirmaram que a TCC pode ser eficaz mesmo sem um terapeuta.

Atenção! Se você sofre de depressão severa, está tendo pensamentos sérios sobre machucar a si mesmo ou passando por outros problemas sérios de saúde mental, largue este livro e contate um psicólogo, psiquiatra ou outro profissional de saúde. Se estiver passando por uma emergência psiquiátrica ou médica, vá ao pronto-socorro mais próximo.

Como você mesmo pode se ajudar?

Para a TCC funcionar melhor, é preciso identificar suas necessidades particulares. Você está com problemas de falta de ânimo, um temperamento fora de controle, preocupações generalizadas ou outra coisa? Vamos considerar como a TCC pode ser usada para lidar com problemas diferentes e permitir que você mesmo se ajude a passar pelas dificuldades específicas com que está lidando.

Depressão

Pensamentos, sentimentos e comportamentos trabalham juntos numa espiral descendente quando estamos deprimidos. A falta de ânimo e de motivação torna difícil encontrar prazer até nas coisas de que costumávamos gostar. Vemos o mundo e nós mesmos de modo negativo. Com nossos pensamentos e nosso humor piorando, temos a tendência de nos afastar de muitas de nossas atividades, aprofundando ainda mais nossa depressão.

A TCC pode nos ajudar a quebrar o hábito do pensamento negativo, o que pode tornar mais fácil ser mais ativo. Por sua vez, um maior engajamento com a vida eleva nosso humor e melhora nossa visão sobre nós mesmos. Se praticarmos *mindfulness*, podemos melhorar ainda mais nosso humor, aprendendo a levar nossos pensamentos menos a sério. Todas essas práticas juntas podem criar um "círculo virtuoso" de melhorias que se reforçam mutuamente em nossos pensamentos, sentimentos e comportamentos.

Ansiedade

Quando nos preocupamos com um resultado incerto, essa situação provavelmente nos causará ansiedade. Por exemplo, podemos ficar nervosos com um primeiro encontro ou em chegar na hora a uma entrevista de emprego. Níveis baixos a moderados de ansiedade são perfeitamente normais. De fato, a ansiedade é útil, porque ficar levemente ansioso aumenta nossa atenção, nossa motivação e nos dá energia para um bom desempenho. Além de certo ponto, porém, a ansiedade se torna contraproducente. Por exemplo, ansiedade social em excesso pode interferir em nossa capacidade de pensar com rapidez ou estar presente com a pessoa com quem estamos interagindo.

A TCC oferece muitas ferramentas para lidar com a ansiedade. Técnicas como relaxamento progressivo dos músculos e meditação podem acalmar diretamente o sistema nervoso agitado. Técnicas cognitivas podem lidar com o sentimento exagerado de perigo que acompanha a ansiedade; por exemplo, a crença de que os outros nos julgarão duramente se ficarmos vermelhos durante uma aula (no caso da ansiedade social). A exposição também é uma ferramenta poderosa para combater a ansiedade, enfrentando situações que são temidas. Com a prática repetida, as situações se tornam menos assustadoras e causadoras de ansiedade.

Pânico

Se você já teve ao menos um único ataque de pânico, sabe como esse tipo de ansiedade é horrível. O pânico é como um alarme de incêndio no seu corpo e cérebro, soando o aviso de que *algo muito ruim está prestes a acontecer.* Como em geral não há nenhuma ameaça óbvia – nenhum leão nos perseguindo, nenhum carro desviando acelerado para nossa pista –, a mente tende a detectar uma *ameaça interna. Devo estar tendo um ataque cardíaco* ou *Estou enlouquecendo.* Às vezes, você sente que vai desmaiar. A maioria das pessoas com síndrome do pânico começa a temer lugares onde é mais provável que o pânico ocorra, em especial situações das quais seria difícil escapar, como dirigir sobre uma ponte ou sentar-se em uma sala de cinema.

A TCC eficaz para o pânico inclui aprender a controlar a respiração quando todo o resto parece fora de controle; testar os pensamentos relacionados ao pânico, como "vou desmaiar", que muitas vezes exacerbam o sentimento de perigo; e praticar estar em situações progressivamente mais desafiadoras, para que comecem a parecer mais confortáveis. Com a repetição, essas técnicas podem fazer com que o pânico seja menos provável mesmo em situações que costumavam servir de gatilho. Também podemos desenvolver um relacionamento diferente com nossos sentimentos de pânico, começando a vê-los como nada mais que uma ansiedade extrema, que, por si só, não é perigosa.

Preocupação

Se o pânico é o alarme de incêndio da ansiedade, a preocupação é a torneira que pinga. Enquanto o pânico ataca de uma vez, a preocupação lentamente corrói nossa sensação de paz. Quando tendemos a nos preocupar, muitas vezes não importa o que estamos enfrentando. Qualquer acontecimento pode levar à preocupação, do importante ao trivial. A questão fundamental na preocupação crônica é: "E se...?". A preocupação frequente muitas vezes é acompanhada por tensão muscular, irritabilidade, problemas para dormir e agitação contínua. A preocupação é a característica central do transtorno de ansiedade generalizada.

A TCC oferece várias formas de combater a preocupação e a tensão excessivas. Podemos nos treinar para reconhecer quando estamos nos preocupando, o que com frequência escapa de nossa consciência. Quando sabemos o que a mente está fazendo, temos mais controle sobre se vamos continuar preocupados. Também podemos lidar com algumas das crenças que talvez tenhamos sobre a preocupação, como a ideia de que ela nos ajuda a planejar o futuro. A TCC também oferece muitas formas de "desligar nossa cabeça", tanto por meio de um envolvimento maior em atividades como por meio da consciência plena de nossa experiência. Estar enraizado no presente liberta a mente de sua preocupação ansiosa com o futuro. Finalmente, técnicas como treinamento de relaxamento e meditação podem baixar a tensão física que muitas vezes acompanha a preocupação constante.

Estresse

Quando os desafios da vida exigem de nós uma resposta, podemos sentir uma pressão causada pelo estresse. Pode ser uma doença familiar, um prazo de trabalho, conflito com outra pessoa ou qualquer outra dificuldade que precisamos enfrentar. Como ocorre com a ansiedade, certa quantidade de estresse é útil, a exemplo de quando um tenista enfrenta uma partida desafiadora do campeonato e joga à altura.

O estresse provoca uma reação no corpo inteiro, pois hormônios do estresse como o cortisol e a adrenalina inundam nosso sistema e disparam uma ampla gama de reações. O estresse agudo ativa o sistema nervoso simpático, preparando nosso corpo para reagir a uma ameaça lutando, fugindo ou, às vezes, congelando. Nosso corpo e nossa mente são bem equipados para lidar com picos breves de estresse. Mas quando os estressores são crônicos – como um percurso de duas horas no trânsito cinco dias por semana, um ambiente de trabalho abusivo ou um divórcio prolongado e litigioso –, nossos recursos para lidar com eles se esgotam. Podemos começar a ficar mais doentes, nos tornar depressivos ou mostrar outros sinais mentais e físicos de estarmos sobrecarregados.

A TCC oferece ferramentas para acalmar o sistema nervoso, como técnicas específicas de respiração que atenuam nosso sistema de luta ou fuga. Também podemos lidar com formas de pensar que amplificam o estresse, por exemplo, ver os desafios profissionais como oportunidades para fracassar e não para ser bem-sucedido. A TCC pode encorajar-nos a levar o autocuidado mais a sério também, de modo a aumentar nossa habilidade de processar o estresse frequente.

Raiva

Como a ansiedade e o estresse, a raiva pode ser muito útil. A raiva nos motiva a corrigir um erro, como ao lidar com a injustiça. Nossa raiva se torna um problema quando a sentimos com tanta frequência que ela começa a prejudicar nossa saúde e nossos relacionamentos. Muitas vezes, a raiva surge de crenças que podem ou não ser verdade. Por exemplo, será que aquele motorista estava tentando me prejudicar quando me cortou ou apenas julgou mal a distância entre nossos carros? Minha crença sobre a intenção dele determinará minha reação emocional e se vou retaliar.

A TCC oferece formas de consertar pensamentos que estimulam a raiva excessiva. Também pode ajudar a achar formas de estruturar sua vida para reduzir a raiva, como começar seu percurso matinal para o trabalho quinze minutos antes, a fim de ficar menos estressado e impaciente atrás do volante. A TCC também pode nos ajudar a encontrar maneiras de expressar a raiva de forma construtiva, e não destrutivamente.

Nos capítulos a seguir, vamos nos aprofundar em estratégias que ajudarão a mobilizar o poder da TCC, começando, no Capítulo 2, por escolher objetivos eficazes.

TRANSTORNOS DE HUMOR EM NÚMEROS

Se você está sofrendo com ansiedade, depressão, raiva ou outras emoções, certamente não está sozinho. Entre adultos nos Estados Unidos:

- Quase 29% terão um transtorno de ansiedade em algum ponto de suas vidas, incluindo fobias (12%), transtorno de ansiedade social (12%), transtorno de ansiedade generalizada (6%) e síndrome do pânico (5%).
- Até 25% terão um transtorno depressivo maior durante suas vidas.
- Em um determinado ano, mais de 44 milhões experimentarão um transtorno de ansiedade e mais de 16 milhões experimentarão um transtorno depressivo maior.
- As mulheres têm 70% mais chance do que os homens de ter depressão e ansiedade.
- Cerca de 8% experimentam uma raiva tão intensa que leva a problemas significativos, com taxas levemente maiores para homens do que para mulheres.

Como tirar o máximo proveito deste livro

Pensei neste livro para que você o use o quanto precisar para lidar com suas questões particulares. Sinta-se livre para pular de capítulo em capítulo e encontrar o conjunto de técnicas que funciona melhor para você. Recomendo, porém, que você continue lendo até o fim do Capítulo 2, que foca a definição de objetivos.

Sugiro que você escolha um pequeno número de técnicas para começar – provavelmente, não mais do que uma ou duas por semana. Por exemplo, se estiver lidando com depressão, é suficiente para uma semana que você comece a ser mais ativo. Haverá tempo nas semanas seguintes para lidar com seus processos mentais, otimizar o autocuidado, desenvolver uma prática de *mindfulness*, e assim por diante.

Quando encontrar o que se aplica a você neste livro, recomendo que você passe algum tempo com o material, tentando internalizar os conceitos por meio dos exercícios recomendados para reforçar seu aprendizado. Uma coisa é saber o que precisamos fazer para nos sentir melhor, e outra bem diferente é realmente fazê-lo. A TCC tem a ver com ação, e é aí que você encontrará o benefício real.

Acima de tudo, lembre-se de que seu bem-estar vale o investimento de tempo e energia. O trabalho que você fizer agora pode pagar dividendos por anos a fio.

Resumo do capítulo e lição de casa

Neste capítulo, vimos as origens da TCC, como ela foi criada e o que a torna eficaz no tratamento de depressão, ansiedade, pânico, preocupação, estresse e raiva. A lição principal é que a TCC funciona oferecendo maneiras estruturadas de praticar técnicas simples e poderosas, que é precisamente o que este livro tem o objetivo de oferecer.

Falando em prática, eu o convidarei, ao fim de cada capítulo, a fazer algumas lições de casa. Não se deixe assustar pela expressão "lição de casa", porém. A lição de casa na TCC consiste em coisas que você de fato quer praticar para se sentir melhor. Você está no comando.

Para esta semana, considere as seguintes questões:

- Qual é a questão número um com a qual você espera que este livro o ajude?
- O que você tentou até agora para obter algum alívio?
- O que funcionou bem e o que não funcionou?
- Como a TCC que descrevi se compara com o que você tentou antes?
- Finalmente, como você está se sentindo após ler o primeiro capítulo?

Para os próximos capítulos, você precisará de um diário dedicado ao seu trabalho com a TCC. Se ainda não tiver um, planeje consegui-lo antes de começar o Capítulo 2.

Quando você estiver pronto, discutiremos a definição de objetivos no próximo capítulo.

CAPÍTULO

2

Defina objetivos

Como vimos no capítulo anterior, a TCC pode ser útil para todos os tipos de doenças. Mas antes de mergulharmos na aplicação da TCC para problemas específicos, precisamos decidir o que queremos mudar. Neste capítulo, vamos nos concentrar em descobrir os objetivos na direção dos quais você quer trabalhar. A seguir, um exemplo de um paciente e como trabalhamos juntos para estabelecer a melhor forma de lidar com as necessidades dele.

Em minha primeira sessão com Jeff, ele me contou sobre a grande depressão e os problemas de sono que vieram como consequência de uma longa e grave batalha por sua saúde. Aprendi sobre os relacionamentos mais importantes de Jeff, sua família de origem, histórico profissional e outros aspectos de sua vida. Ele também pôde identificar alguns de seus pontos fortes, embora falasse deles no passado, quase como se estivesse falando de outra pessoa.

Quando tive um bom panorama da situação de Jeff, precisei saber o que ele esperava obter da terapia. Como todo mundo, ele queria se sentir melhor – mas como seria isso para ele? De que modo a vida dele seria diferente? Ele queria fazer mais do que e menos do quê? Como a qualidade de seus relacionamentos melhoraria? Em resumo: quais eram seus objetivos?

No fim de nossa primeira sessão, Jeff parecia mais esperançoso. Perguntei como ele estava se sentindo, e ele disse que, na verdade, estava um pouco animado – até inspirado – pela primeira vez desde que conseguia se lembrar. Ao determinar objetivos, ele transformara o descontentamento com sua situação em determinação para melhorá-la.

Vamos considerar o que foi tão útil para Jeff em identificar seus objetivos e como você pode desenvolver os seus próprios e inspirar seus esforços.

Os benefícios de objetivos atrativos

É difícil superestimar a importância de ter bons objetivos. Quando temos uma visão clara de aonde queremos ir, é muito mais fácil nos comprometer com as mudanças que precisaremos fazer para chegar lá. É muito parecido com escalar uma montanha: quando você sabe onde está o cume, fica motivado para subir até chegar a ele.

Objetivos também nos ajudam a seguir o curso quando encontramos desafios pelo caminho e nos incitam a encontrar formas de atingir nosso alvo. Por exemplo, Jeff vinha evitando voltar a se exercitar porque não tinha certeza do que conseguiria fazer em virtude de seus recentes problemas de saúde. Quando se comprometeu com o objetivo de se exercitar três vezes por semana, ele começou a elaborar um programa que funcionaria para ele. Objetivos também oferecem uma base de comparação para o progresso do tratamento. Jeff e eu frequentemente voltávamos aos objetivos dele durante o tratamento para avaliar se o estávamos ajudando a ir em direção a eles.

Objetivos que nos preparam para o sucesso

Nem todos os objetivos são iguais. Enquanto você pensa sobre sua vida e as formas como a ansiedade e a depressão podem estar afetando as coisas, recomendo manter estes princípios em mente para definir seus próprios objetivos:

Seja específico

É difícil dizer quando você atingiu um objetivo vago como *estar mais envolvido com meus filhos*, enquanto *ler pelo menos um livro por dia para meu filho de 2 anos* é específico e fácil de medir. Você deve conseguir dizer quando chegou a seus objetivos, então assegure-se de elaborá-los da forma mais direta possível.

Encontre a "marcha certa"

Se os seus objetivos forem difíceis demais, você se sentirá desencorajado, como se tentasse pedalar montanha acima numa marcha excessivamente alta, mas objetivos muito fáceis não são inspiradores, são como passear numa marcha baixa demais. Mire o ponto ideal: objetivos moderadamente desafiadores que você pode atingir com um esforço sustentado.

CAPÍTULO 2 | Defina objetivos **15**

Escolha objetivos importantes para você

São pequenas as chances de atingir nossos objetivos se eles não forem importantes para nós. Para cada objetivo, pense sobre o que ele significa para você e como atingi-lo melhorará sua vida. Nessa mesma linha, assegure-se de que os objetivos são mesmo seus e não apenas algo que outra pessoa quer que você faça.

Indo daqui para lá

O primeiro passo na direção de determinar seus objetivos é entender e aceitar o que você quer mudar em si mesmo e em sua situação. Esse processo exige abertura e honestidade para enfrentar de peito aberto suas próprias limitações.

Mas, primeiro, vamos identificar suas forças. Não importa quanto estejamos sofrendo em algumas áreas, temos forças que nos mantêm de pé. Muitas vezes, vejo que o próprio ato de buscar ajuda – seja pessoalmente ou num livro como este – reflete uma força interior e uma recusa de aceitar algo que não seja o melhor. O que você traz ao mundo? Quais são suas melhores características ou habilidades? O que seus familiares e amigos próximos amam em você? Sinta-se livre para perguntar a alguém que o ama o que essa pessoa considera como seus pontos fortes. Mantenha em mente essas qualidades positivas enquanto desenvolve seus objetivos. Nas seções a seguir, você considerará como estão indo as coisas em seis áreas importantes da vida. Se tiver objetivos relacionados a uma dessas áreas, escreva-os num pedaço de papel solto ou em seu diário.

SEJA REALISTA

Quando estamos sofrendo há muito tempo, é compreensível que queiramos melhorar o mais rápido possível. Podemos ficar tentados a tentar fazer tudo de uma vez e determinar objetivos ambiciosos demais para nós mesmos. Se eles não forem realistas, nos colocamos em posição de nos sentirmos um fracasso caso não consigamos atingi-los. Podemos começar com ímpeto, mas então desvanecer rapidamente conforme exaurimos nossas reservas já escassas.

Ao determinar objetivos para si mesmo, tente equilibrar disciplina e compaixão, atendo-se a um padrão e, ao mesmo tempo, sendo gentil consigo mesmo. Às vezes, determinamos objetivos baseados no que conseguimos fazer por um dia ou uma semana, sem considerar de fato o que será necessário para sustentar esse nível de atividade. Por exemplo, podemos decidir nos exercitar por uma hora, sete dias por semana, e conseguir nos primeiros dias. Mas, um dia, vamos acabar sem tempo, energia ou motivação para malhar. Ao quebrarmos essa série, estaremos menos propensos a retomar qualquer exercício que seja.

Parte da compaixão consigo mesmo é ser paciente enquanto sua recuperação acontece. Embora recuperar a vida que você já teve seja um objetivo válido e inspirador, provavelmente não é realista pensar que você vai chegar lá de imediato. A fisioterapia é uma boa metáfora para a cura emocional e mental: a quantidade certa de alongamento e fortalecimento pode nos deixar doloridos por um dia, mas não a ponto de nos machucar de novo ou de termos de parar de nos exercitar. Então, ao definir seus objetivos, tenha em mente que a vida é uma maratona, não uma corrida de velocidade.

Relacionamentos

Via de regra, nada tem um impacto maior em nosso bem-estar que nossos relacionamentos mais íntimos. Nada pode compensar de fato conexões empobrecidas com os outros, e somos capazes de tolerar quase tudo se nossos relacionamentos forem fortes e nos apoiarem.

Se você tem um relacionamento amoroso, considere primeiro essa relação com seu parceiro ou parceira. Se estiver solteiro e tiver objetivos relacionados a encontrar um parceiro ou parceira, como começar a conhecer pessoas novas, inclua esses objetivos em sua lista e volte a ela ao entrar em um relacionamento amoroso.

- O que está indo bem para você e seu parceiro ou parceira?
- Com o que você tem dificuldade?
- Você e seu parceiro ou parceira atendem às necessidades um do outro?
- Como é sua comunicação – vocês evitam o conflito direto a todo custo ou as brigas estão fora de controle?
- Vocês estão satisfeitos com a frequência e qualidade de sua intimidade sexual?
- Vocês têm tempo suficiente juntos para alimentar sua conexão?

Agora, pense sobre suas outras relações importantes, incluindo seus filhos, pais e amigos. Avalie cada conexão e determine o que gostaria de mudar sobre o relacionamento – especialmente de formas que você possa controlar. Por exemplo, *quero que meu parceiro seja mais amoroso* lhe dá menos controle do que *vou comunicar minhas necessidades ao meu parceiro*.

Ao construir seus objetivos de relacionamento, pode ser útil considerar como sua luta pessoal com a ansiedade, a raiva ou outras questões afetou a qualidade de sua conexão com os outros. Por exemplo, se a depressão o levou a interagir menos com pessoas próximas, considere definir objetivos de passar mais tempo com elas.

Fé/sentido

Uma vida boa é uma vida com sentido – uma vida em que nos sentimos conectados a nossas paixões e ao que mais valorizamos. Muitos de nós encontramos significado em nossas conexões familiares. Podemos também fazer parte de uma comunidade de fé e nos sentir inspirados por textos sagrados e por um senso de ligação com um poder maior. Ou talvez encontremos uma sensação de consciência e conexão por meio da beleza natural caminhando num bosque ou em práticas como a meditação. Independentemente do que for, tendemos a achar significado e propósito nos conectando a algo maior do que nós mesmos. Pense sobre suas próprias paixões:

- O que é mais importante para você na vida?
- Suas ações parecem ter propósito, ligadas àquilo com que você realmente se importa?
- Ou você anseia por uma conexão com algo que seja de fato importante?

Um exercício que pode ser útil é considerar o que você gostaria que as pessoas que o conhecem melhor falassem sobre você daqui a dez anos. Há frases ou qualidades que lhe vêm à mente? Ao pensar sobre isso, Jeff disse que desejava que as pessoas descrevessem o amor que ele demonstrava a quem lhe era próximo e o entusiasmo que trazia à vida – qualidades que ele estava tendo dificuldade de expressar em meio à depressão. O que você gostaria que seus entes queridos dissessem sobre você? Sua resposta pode ajudar a moldar os objetivos nessa área.

Estudos e trabalho

O trabalho pode ser um meio de satisfazer nossas necessidades psicológicas básicas. Com ele, podemos sentir que somos competentes no que fazemos, sejamos estudantes, funcionários ou pais em tempo integral. Também podemos satisfazer nossa necessidade de autonomia por meio de nosso trabalho se tivermos algum controle sobre o que fazemos e como. Nossa necessidade de nos conectar com os outros também é afetada pela qualidade de nossos relacionamentos profissionais. Como estão as coisas em seu trabalho?

18 Terapia cognitivo-comportamental

- Você gosta do que faz, talvez até encontrando significado em seu trabalho?
- A ansiedade, a depressão ou outra dificuldade dificultou seu trabalho ou interferiu em seu desempenho?
- Seu trabalho parece adequadamente desafiador – não tão fácil a ponto de você se sentir entediado nem tão difícil que você fique sobrecarregado pelas demandas?

Faça uma pausa para escrever o que você tem notado sobre sua relação com o trabalho nos últimos tempos.

Saúde física

Há cada vez mais consciência de que o corpo e a mente estão intimamente conectados, um afetando o outro. Um estado psicológico como a ansiedade pode provocar uma série de reações físicas (por exemplo, tensão muscular, dor de cabeça, problemas gastrointestinais), e estados físicos como a hipoglicemia podem afetar vigorosamente nossos pensamentos e nossas emoções. Consideremos algumas das principais facetas da saúde física e os objetivos que você pode ter para estas áreas.

Geral

Você pode começar a pensar sobre sua saúde física concentrando-se em como se sente no todo.

- Como está sua saúde geral?
- Você tem de lidar com algum problema grave de saúde?
- Há alguma consulta médica que você tem adiado?
- Problemas de saúde têm interferido na sua vida de algum modo?
- Em geral, sua saúde parece estar melhorando, piorando ou está igual?

Movimento

Atividade física regular é boa para praticamente tudo. Exercício não precisa significar suar numa academia – qualquer forma de movimento conta, e quanto mais agradável, melhor.

- Você faz algum tipo de exercício pelo menos algumas vezes por semana?
- Como seu corpo se sente quando você o usa – alguma dor chata ou perda de mobilidade?
- Como seu humor afeta seu nível de atividade e vice-versa?

Drogas, álcool ou cigarro

Substâncias que afetam o sistema nervoso influenciam nosso estado emocional, e nossas emoções muitas vezes afetam nosso uso desses químicos. Por exemplo, podemos usar maconha ou consumir mais álcool para lidar com estresse relacionado ao trabalho.

- Se você usa drogas recreativas, álcool ou cigarro, como descreveria sua relação com essas substâncias?
- Você os usa com frequência para lidar com emoções difíceis?
- Seu uso causou algum problema, ou parece administrável?
- Alguém tentou fazer com que você diminuísse o uso ou parasse?
- Há alguma mudança que você queira fazer em seu padrão de uso?

Se o uso de drogas ou consumo de álcool está tendo um efeito sério em sua vida, fale com seu médico sobre onde achar ajuda profissional. Veja também a seção Recursos no fim deste livro (página 143).

Nutrição

A comida que colocamos em nosso corpo pode ter grande impacto em como nos sentimos. Hoje em dia, todo mundo parece ter sua dieta favorita – paleolítica, sem glúten, *Whole30*, cetogênica, mediterrânea ou South Beach, só para mencionar algumas. Uma coisa em que essas dietas concordam é que fazemos um favor a nosso corpo e nossa mente quando comemos alimentos integrais, não processados, incluindo bastante frutas e vegetais. Não nos sentimos o melhor possível se comemos muito açúcar, carboidratos refinados e outras comidas muito processadas.

- Você está satisfeito com o tipo de comida que costuma comer?
- Algum médico, nutricionista ou ente querido sugeriu que você faça alguma mudança?
- Há mudanças que você tem desejado fazer em seus hábitos nutricionais?

Sono

Sono e saúde emocional muitas vezes andam de mãos dadas. O sono sólido e restaurador energiza nossa mente e nosso corpo, enquanto o sono ruim faz o oposto.

- Como você descreveria seu sono em geral?
- Você descansa adequadamente todas as noites, ou costuma ficar acordado até tarde demais e depois usa cafeína para atravessar o dia?

- Há algo que rotineiramente atrapalha seu sono, como animais de estimação ou filhos pequenos?
- Você tem tido dificuldades crônicas para pegar no sono ou tem dormido profundamente?
- Há algo que você gostaria de mudar sobre seu sono? Se sim, o quê?

Responsabilidades domésticas

Cada um de nós tem coisas das quais cuidar em casa, como lavar a louça ou cortar a grama. Pense em suas tarefas domésticas.

- Você está atrasado com alguma delas?
- Há projetos que está querendo fazer e fica adiando?
- Algo está lhe impedindo de cuidar das coisas?

Recreação e lazer

A vida não é só cuidar de nossas responsabilidades. Precisamos de tempo livre para recarregar e desfrutar de nosso trabalho.

- Cite algumas das suas coisas favoritas para fazer em seu tempo livre.
- Seu trabalho e suas responsabilidades domésticas deixam você praticamente sem tempo para relaxar?
- Seus problemas de humor costumam atrapalhar atividades das quais você gosta?

Assegure-se de incluir em sua lista quaisquer objetivos para as áreas discutidas aqui.

Vejamos a lista de objetivos completa de Jeff como exemplo. Note que alguns objetivos, como exercícios, foram mais específicos que outros, como achar um emprego melhor.

A lista final de Jeff ficou assim:

1. Encontrar amigos uma vez por semana.
2. Dormir de sete a oito horas por noite.
3. Fazer exercícios quatro vezes por semana por pelo menos 30 minutos.
4. Encontrar um emprego que me deixe mais animado.
5. Voltar a praticar marcenaria regularmente.

Não hesite em incluir em sua própria lista objetivos que exigirão mais detalhamento no futuro, como "melhorar minha dieta". É melhor ter por ora um substituto genérico do que deixar de fora um objetivo que é importante para você.

Não é você, é seu sistema límbico

Pesquisas nas últimas décadas nos ajudaram a compreender o papel do cérebro em produzir nossas emoções. Cientistas identificaram um grupo-chave de estruturas cerebrais chamado sistema límbico que está por trás da experiência emocional. O sistema límbico inclui áreas como o hipocampo, a amígdala, o giro do cíngulo, o bulbo olfatório (envolvido no sentido do olfato), o tálamo e o hipotálamo.

O sistema límbico tem um papel-chave em ativar a reação do corpo ao estresse por meio do hipotálamo, que controla nosso sistema hormonal. Graças a nosso sistema límbico, podemos sentir emoções fortes, evitar o perigo, formar novas memórias, experimentar prazer e muitas outras funções essenciais.

Acredita-se que o sistema límbico e partes do córtex pré-frontal têm papéis complementares, com regiões límbicas gerando emoções e o córtex pré-frontal

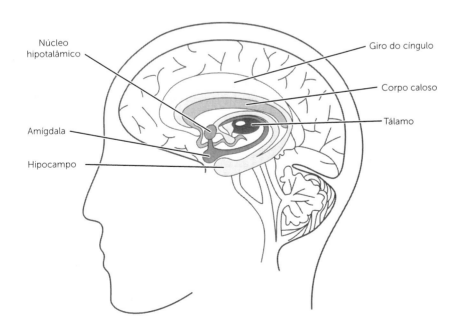

22 Terapia cognitivo-comportamental

regulando essas emoções. Por exemplo, a atividade na amígdala aumenta quando estamos assustados, enquanto a atividade no córtex pré-frontal aumenta quando tentamos controlar nossas emoções.

Às vezes, o sistema límbico pode estar desequilibrado. Por exemplo, muitas doenças psiquiátricas como transtorno do estresse pós-traumático (TEPT) e transtorno depressivo maior foram ligadas a atividade excessiva na amígdala. É fácil nos culparmos por problemas emocionais. Afinal, são nossos sentimentos e nosso comportamento que são afetados. Ao mesmo tempo, costumamos superestimar o controle que temos sobre nossas funções cerebrais. Quando passamos por um grande trauma, por exemplo, em geral experimentamos uma mudança em nosso hipocampo que não tem nada a ver com nosso desejo ou nossa força de vontade.

Muitos fatores fora de nosso controle podem afetar nosso cérebro e nossas emoções. Por exemplo, meus colegas e eu na Universidade da Pensilvânia descobrimos que a atividade cerebral varia com base em diferenças genéricas, humor atual, mudanças climáticas – até pobreza, como mostrou a pesquisa da psicóloga Martha Farah. Às vezes, estamos à mercê de como nosso sistema nervoso reage quando provocado.

Ainda assim, não somos meros recipientes passivos de nossos estados cerebrais. Assim como as experiências fora de nosso controle podem moldar nosso cérebro, nós também podemos remodelá-las com base em como escolhemos pensar e agir. Por exemplo, somos capazes de literalmente mudar a estrutura de nosso cérebro por meio da prática regular de meditação. Também podemos acalmar um sistema límbico hiperativo e aumentar a atividade em regiões importantes do córtex pré-frontal por meio de certos tipos de terapia.

Então, há boas notícias: se não podemos escolher o cérebro com que nascemos nem controlar tudo o que nos acontece, podemos usar nosso cérebro para consertar a si próprio. Enquanto faz seu trabalho da TCC, tenha em mente que está mudando seu cérebro.

Resumo do capítulo e lição de casa

Este capítulo focou a definição de seus objetivos – você está trabalhando na direção de que com a TCC? Estudamos as principais áreas da vida, dando a você a chance de considerar o que está indo bem (incluindo seus pontos fortes) e onde você gostaria de ver algumas melhorias. Essas áreas incluem funções vitais básicas como comer e dormir, além de fatores de ordem maior como fé e significado. Embora tenhamos passado por cada área separadamente, elas afetam uma à outra – por exemplo, dormir mais pode melhorar nossos relacionamentos.

Deve ficar claro neste capítulo que o bem-estar tem muitas facetas e que precisamos pensar de forma holística sobre maneiras de apoiar a melhor versão de nós mesmos.

1. Tire alguns momentos para revisar o que aprendeu neste capítulo. Você descobriu algo sobre si mesmo e o que é importante para você?
2. Assegure-se de escrever seus objetivos para torná-los mais evidentes e fáceis de lembrar.
3. Pense com cuidado sobre os objetivos que definiu. São inspiradores? Específicos o suficiente? Têm mais ou menos o nível certo de dificuldade?
4. Recomendo manter seus objetivos em algum lugar visível e revê-los várias vezes nos próximos dias.
5. Considere também falar sobre seus objetivos com alguém que você ama e que lhe apoia, tanto para ter a opinião dessa pessoa quanto para se manter responsável por eles. Apenas contar suas intenções a alguém pode elevar a motivação de seguir em frente.
6. Por fim, se pensar em algum objetivo adicional, acrescente-o a sua lista.

CAPÍTULO

3

Ative o comportamento

Quando a depressão se estabelece, muitas vezes nos afastamos de muitas atividades em virtude da baixa energia e da falta de interesse. Embora essa reação seja compreensível, ela frequentemente leva a sintomas de depressão mais graves.

A depressão de Beth começou de forma tão sutil que ela nem notou. Estava muito ocupada entre suas novas responsabilidades no trabalho e o início do ano letivo de seus filhos. Então a mãe dela ficou doente, o que adicionou uma camada de estresse e demandas adicionais ao tempo de Beth. Quando ela começou a se sentir para baixo, se afastou de sua rotina de exercícios para tentar conservar energia. Também achava difícil se concentrar, então parou de ler todo dia antes de dormir e raramente encontrava seus amigos. Ela costumava almoçar com seus colegas algumas vezes por semana, mas agora ficava em sua mesa, recusando os convites deles.

Ocasionalmente, Beth passava alguns minutos do fim de semana sentada em sua varanda, observando as árvores e os pássaros, e às vezes assistia a um programa de TV com seu marido. Fora isso, os dias de Beth consistiam quase inteiramente em cuidar de suas muitas responsabilidades no trabalho, em casa e com sua mãe doente.

A depressão fez o mundo de Beth encolher, como acontece com tanta gente. O humor dela piorou, pois ela fazia menos coisas por prazer, e ela começou a ver a si mesma como alguém que não conseguia fazer exercícios ou encontrar com seus amigos. Ainda era capaz de lidar com suas atividades profissionais, mas encontrava muito pouca alegria ou prazer na vida, e sentia que tinha envelhecido uma década no último ano. Beth ansiava por se sentir melhor para poder voltar a ser mais ativa.

As circunstâncias de Beth eram uma receita perfeita para a depressão: ela estava sobrecarregada emocionalmente e tinha pouquíssimas atividades divertidas. Para nos sentirmos bem, precisamos de um equilíbrio entre coisas agradáveis e importantes para fazer – ou, nas palavras do dr. Aaron T. Beck, precisamos de experiências de "prazer e maestria".

Se buscarmos apenas coisas divertidas e negligenciarmos nossas responsabilidades, vamos nos privar de um senso de conquista. Por outro lado, precisamos equilibrar nosso trabalho com lazer. Se tivermos sorte, teremos atividades que nos darão as duas coisas – por exemplo, há quem ache cozinhar um ato duplamente recompensador, tanto como uma experiência estética agradável quanto como uma tarefa essencial para alimentar sua família.

Por que evitamos as atividades?

O evitamento de Beth faz sentido se considerarmos as consequências de curto e longo prazos de seu comportamento. Por exemplo, quando seus colegas de trabalho a convidam para almoçar, ela pensa sobre a energia que terá de reunir para conversar e as possíveis perguntas sobre como ela está. Tudo parece avassalador, e comer em sua mesa é seguro e previsível. A cada vez que ela fecha a porta do escritório e come sozinha, sente alívio, o que reforça seu padrão de evitamento.

Ao mesmo tempo, Beth está se esquecendo das coisas positivas que decorrem de comer com seus amigos de trabalho. Embora talvez se sinta esquisita em um primeiro momento, antes ela se divertia muito nos almoços coletivos. Muitas vezes, voltava ao escritório se sentindo energizada para a tarde. Também estava perdendo o apoio que seus amigos ofereceriam.

	Convite para almoçar	
	Efeitos de curto prazo	Efeitos de longo prazo
Recusar ⟶	Alívio, pouco esforço ⟶	Isolamento, depressão
Aceitar ⟶	Ansiedade, muito esforço ⟶	Diversão, apoio

Dois fatores poderosos levam ao evitamento de atividades:

1. Uma sensação imediata de alívio por nos esquivarmos do que achamos que será difícil.
2. Não experimentar a recompensa de nos envolvermos na atividade, diminuindo, assim, nossa motivação para ela.

A ativação comportamental é pensada para quebrar esses padrões.

Lidere por meio da ação

Como Beth, muitos de nós esperamos nos sentir melhor para podermos voltar às coisas de que gostávamos. Porém, é muito mais eficiente começar a fazer atividades agradáveis aos poucos, *mesmo que não tenhamos vontade.* O interesse nas atividades virá depois. Essa abordagem é a fundação da ativação comportamental para depressão.

Pense nisso como começar um programa de exercícios. No início, talvez você tenha muito pouca motivação para ir à academia. Seu corpo talvez não esteja acostumado com atividade física e você pode sentir mais dor do que recompensa depois de uma sessão. Mas, se continuar, a balança vai começar a mudar. Você vai passar a desfrutar do exercício sob efeito das endorfinas. Vai notar que tem mais energia, o que motivará você a continuar. Talvez comece a ansiar por ver seus novos amigos na academia. Se tivesse esperado até ter vontade de se exercitar, talvez nunca tivesse começado. A ativação comportamental funciona da mesma forma.

> *"A ação parece seguir o sentimento, mas, na verdade, ação e sentimento andam juntos; e regulando a ação, que está mais sob o controle direto da força de vontade, podemos indiretamente regular o sentimento, que não está." – William James (1911)*

Estratégias para atingir objetivos

No capítulo anterior, você identificou seus objetivos importantes. A ativação comportamental fornece um plano sistemático que pode ser uma parte crucial para atingi-los.

> *Steve estivera gravemente deprimido cinco anos atrás e tinha se recuperado com a TCC. Agora, estava enfrentando muitos desafios de uma vez e conseguia sentir que estava caindo de novo numa depressão. Sabia que era hora de usar as técnicas aprendidas na terapia.*

Passo 1: esclareça valores para cada área da vida

O primeiro passo da ativação comportamental é determinar o que é importante para nós em cada domínio particular que estamos tentando mudar. O que valorizamos nessa área? Quando há clareza sobre nossos valores, temos mais probabilidade de encontrar atividades recompensadoras oriundas deles.

Steve tinha vários objetivos para seus relacionamentos, que haviam sofrido nos últimos meses. Pensando nesses objetivos, ele reconheceu que mostrar amor a sua parceira era muito importante. Ele também valorizava fazer seus filhos se sentirem importantes e se aventurar com amigos.

Olhe para seus objetivos. Em que áreas estão e o que você valoriza em cada uma dessas áreas? Você pode usar o formulário de valores e atividades (página 28) para escrever seus valores em cada domínio da vida. Vamos criar atividades no próximo passo, então, por enquanto, pule essas linhas.

Se você achar que está tendo dificuldade para identificar com precisão seus valores, não fique preso neste passo. Sinta-se livre para seguir para o passo 2 e comece a criar atividades. Às vezes, é mais fácil identificar valores com base no que gostamos de fazer. Por exemplo, posso perceber, com base em atividades que listei, que conhecer pessoas novas é importante para mim. Identificar esse valor, por sua vez, pode me ajudar a criar outras formas de conhecer novas pessoas.

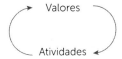

Nossos valores podem nos ajudar a criar atividades que os apoiam, e atividades que achamos recompensadoras podem nos indicar o que valorizamos.

FORMULÁRIO DE VALORES E ATIVIDADES

Relacionamentos

Valor: _____

    Atividade: _____

    Atividade: _____

    Atividade: _____

Valor: _____

    Atividade: _____

    Atividade: _____

    Atividade: _____

Fé/sentido

Valor: _____

    Atividade: _____

    Atividade: _____

    Atividade: _____

Valor: _____

    Atividade: _____

    Atividade: _____

    Atividade: _____

Estudos e trabalho

Valor: _____

    Atividade: _____

    Atividade: _____

    Atividade: _____

Valor: _____

    Atividade: _____

    Atividade: _____

    Atividade: _____

Saúde física

Valor: _____

    Atividade: _____

    Atividade: _____

    Atividade: _____

Valor: _____

    Atividade: _____

    Atividade: _____

    Atividade: _____

Responsabilidades domésticas

Valor: _____

    Atividade: _____

    Atividade: _____

    Atividade: _____

Valor: _____

    Atividade: _____

    Atividade: _____

    Atividade: _____

Recreação e lazer

Valor: _____

    Atividade: _____

    Atividade: _____

    Atividade: _____

Valor: _____

    Atividade: _____

    Atividade: _____

    Atividade: _____

O QUE SÃO VALORES EM ATIVAÇÃO COMPORTAMENTAL?

A palavra *valor* pode significar coisas diferentes. Em ativação comportamental, ela simplesmente se refere ao que é importante para você – não mais complicado que isso. Ela ajuda a dividir seus valores em áreas da vida para torná-los mais fáceis de reconhecer. Tenha em mente que:

- Valores não têm ponto de chegada e, ao contrário de objetivos e atividades, continuam indefinidamente.
- Eles tendem a empregar verbos de sentido mais amplo. Por exemplo, *ser* um bom amigo, *desfrutar* de tempo na natureza e *aprender* sobre o mundo. Por sua vez, *matricular-se numa aula de botânica* é uma atividade com um fim.
- Valores muitas vezes estão ligados a nosso autoconceito, já que refletem o tipo de pessoa que queremos ser.
- Podem ser tão grandiosos ou modestos quanto você quiser que sejam.
- Valores são pessoais e variam muito entre indivíduos.

Passo 2: identifique atividades revitalizantes

Steve pensou em formas como costumava demonstrar amor a sua parceira quando estava se sentindo melhor – coisas como fazer massagem nos ombros dela à noite e preparar o café da manhã para ela nos fins de semana. Começou a elaborar uma lista de atividades que gostaria de fazer com mais frequência.

Pense em atividades que se enquadram em cada um dos valores que você identificou e adicione-as ao formulário em que registrou seus valores. Assegure--se de serem coisas que têm alta probabilidade de lhe trazer diversão ou um senso de conquista; senão, não há recompensa. Não hesite em listar atividades que você talvez não seja capaz de fazer neste momento – é bom ter uma margem de dificuldade em suas atividades, incluindo algumas na direção das quais crescer. Não se preocupe se algumas de suas atividades parecerem triviais; cada pouquinho de progresso conta no caminho da recuperação.

Se teve dificuldade de identificar seus valores no passo 1, veja se sua lista de atividades traz alguma dica. Você poderá então usar os valores que identificou para criar atividades adicionais.

Tenha cuidado para não menosprezar a importância de se divertir enquanto está fazendo a ativação comportamental. Às vezes, con-

sideramos nossa diversão como algo frívolo, acreditando que temos coisas mais sérias para resolver. Na realidade, encontrar alegria em assuntos sérios é uma das melhores formas de aliviar a depressão.

Passo 3: classifique a dificuldade de cada atividade

Algumas das atividades que você anotou provavelmente são coisas que já está fazendo e acha que são relativamente fáceis. Outras podem parecer fora do alcance neste momento. Outras, ainda, se encaixarão entre esses dois extremos. Gosto de uma escala de classificação simples de três pontos para esses níveis de dificuldade – 1 para fácil, 2 para moderado e 3 para difícil –, mas sinta-se livre para usar a avaliação que funcionar para você. O mais importante é que os itens sejam avaliados um em relação ao outro.

Steve achou que era fácil encontrar tempo para brincar com seus filhos, enquanto ter um encontro com sua mulher exigiria mais esforço. Ele sabia que teria de ir evoluindo até planejar uma viagem de fim de semana com a família, algo que parecia impossivelmente complicado. Steve classificou essas atividades de acordo com estas avaliações:

Atividade	Dificuldade
Brincar com as crianças	1
Encontro com a mulher	2
Viagem de fim de semana com a família	3

Reveja sua lista e atribua uma classificação para cada atividade. Se você achar difícil decidir o quanto algo será difícil, apenas dê seu melhor palpite.

Passo 4: planeje a ordem de realização

Agora que tem uma boa ideia de quanto cada atividade será desafiadora, você pode planejar com quais delas começar. Você não precisa organizar todas as atividades em ordem, mas escolha pelo menos de cinco a dez que lhe farão começar. Dessa forma, você terá um mapa para seguir nos próximos dias e não vai perder o impulso tentando decidir o que fazer depois. Você sempre pode fazer ajustes no decorrer do percurso. Considere incluir atividades de diferentes áreas da vida para ter uma variedade de recompensas.

Passo 5: agende as atividades em um calendário

Quanto mais específicos formos em agendar e executar nossos planos, mais provável é conseguirmos completá-los:

- Escolha um horário para cada atividade que você pretende fazer e coloque-a em seu calendário. Busque combinar a atividade com o melhor momento do dia para você. Por exemplo, agendar o exercício logo pela manhã pode funcionar para uma pessoa matutina mas não ser a melhor escolha para alguém noturno ter sucesso.
- Planeje com pelo menos um dia de antecedência para, quando acordar, saber o que está na sua agenda do dia.
- Marque os eventos mais para a frente se exigirem planejamento com antecedência, como uma viagem.
- Tarefas maiores podem precisar ser divididas em passos menores e agendadas de acordo com isso (ver "Divida tarefas grandes" na página 35).

Se você estiver relutante em colocar as coisas num calendário, considere testar e ver como funciona. A maioria de nós tem mais tendência a completar uma tarefa se dedicar um horário específico para ela. Senão, é fácil ficar adiando.

Passo 6: complete as atividades

Quando chegar a hora de suas atividades planejadas, faça todos os esforços para cumpri-las. Pode ser especialmente difícil no início, quando a motivação ainda está baixa. Lembre-se de que cada atividade valorizada que você completa o leva para mais perto de seus objetivos.

Antes de completar cada atividade, estabeleça a intenção de estar o mais presente possível nela. Por exemplo, se estiver na academia, esteja mesmo na academia: veja o que há ao seu redor, sinta o que sente, note o que ouve. Permita-se estar inteiro na experiência. Esse nível de presença lhe ajudará a tirar o máximo de cada atividade, e traz o benefício extra de tornar mais difícil ficar preso a mentalidades problemáticas como a preocupação obsessiva. Vamos falar sobre essas ideias com mais profundidade no Capítulo 6.

Aplicando a ativação comportamental a seus objetivos

A ativação comportamental está intimamente ligada à conquista de seus objetivos. Consideremos como a estrutura dessa abordagem se relaciona aos objetivos que você estabeleceu no Capítulo 2.

> O objetivo número um de Steve era melhorar seus relacionamentos mais próximos. Quando começou a ativação comportamental, ele focou as atividades moderadamente fáceis envolvendo seus familiares e amigos próximos. No processo, percebeu que precisava cuidar de suas próprias necessidades para ser o marido, pai e amigo que pretendia. Por exemplo, percebeu que era mais cordato com os outros quando ia à academia algumas vezes por semana e comia alimentos saudáveis, então Steve adicionou essas atividades à lista.

Valores dão lugar a objetivos, e alcançamos esses objetivos planejando e completando atividades específicas. Considere como seus próprios objetivos se relacionam com seus valores e atividades. De que maneira completar suas atividades lhe ajudará a conquistar seus objetivos?

Construa um plano de ação em torno de seus objetivos

A ativação comportamental oferece uma abordagem passo a passo para alcançar seus objetivos. É muito parecido com o objetivo de um time de ganhar o campeonato – vai ser necessário ter um plano para cada jogo, de modo a transformar o objetivo em realidade. Assim, os objetivos que você estabelecer guiarão as atividades que escolher, e suas atividades o levarão na direção de seus objetivos. Para Steve, *ser um pai mais presente* era um valor que deu origem ao objetivo de *ler um livro para meu filho de dois anos todo dia*. Para atingir esse objetivo, ele planejou a atividade específica de *ler para meu filho de dois anos toda noite antes de dormir*.

Trabalhe progressivamente na direção dos objetivos

A ativação comportamental pode levá-lo para mais perto de seu objetivo final, criando uma série de passos cada vez mais desafiadores. Por exemplo, alguém pode ter o objetivo de se exercitar 45 minutos por dia, cinco vezes por semana. Treinar por esse tempo pode ter um nível de dificuldade 3 em ativação comportamental, então uma atividade intermediária poderia ser um treino leve de 15 minutos. O sucesso que obtivermos nos passos iniciais mais fáceis construirá a fundação para atividades mais difíceis – e recompensadoras.

Pense de forma holística

Como Steve percebeu, as áreas de nossa vida não existem isoladas. Assim como pensamentos, sentimentos e comportamentos estão intimamente conectados, os domínios de nossa vida se cruzam:

- Estresse profissional ou nos relacionamentos atrapalha seu sono.
- O apoio incondicional e o cuidado de um amigo aprofundam seu senso de significado e sua confiança na humanidade.
- Problemas com vícios afetam quase todas as áreas da vida de alguém.
- Um fim de semana relaxante aumenta nossa produtividade no trabalho na segunda-feira.

Ao pensar em atividades que lhe ajudarão a evoluir na direção de seus objetivos, pense de forma tridimensional. Por exemplo, será que cuidar de suas responsabilidades domésticas afetaria seus relacionamentos? Comer melhor poderia tornar você um funcionário mais produtivo? Progressos em áreas diferentes da vida tendem a se reforçar mutuamente.

Superando os obstáculos

A ativação comportamental é um dos tratamentos mais usados para depressão, em parte por ser muito simples. Mas essa simplicidade não a torna fácil. Mesmo que pretendamos seguir os passos anteriores, haverá vezes em que não cumpriremos nossos planos. Quando isso acontece, o mais importante é lembrar de ter compaixão consigo mesmo. Lembre-se de que você é humano e de que esse trabalho é difícil.

Parte da compaixão é entender como nossa mente funciona e criar condições para o sucesso. Claro, podemos nos criticar e tentar usar a força de vontade pura para nos tornar mais ativos, mas há estratégias capazes de nos dar mais apoio para completar nossos planos. Vamos considerar algumas das abordagens mais eficazes.

Assegure-se de que as tarefas são recompensadoras

Um motivo comum para não completarmos nossas tarefas é que elas simplesmente não nos dão nenhuma satisfação. Por exemplo, podemos ter decidido correr regularmente, mas na verdade sempre odiamos correr. Ou talvez estejamos tentando voltar a atividades de que gostávamos, mas nossos interesses mudaram.

Se você notar que não está fazendo as tarefas que determinou para si, pense sobre o incentivo que tem para fazê-las. A atividade vale a pena, mas você não conseguiu reunir a motivação necessária para fazê-la? Ou sua motivação está baixa porque a atividade não é para você? Escolha atividades substitutas se decidir que certa tarefa simplesmente não é recompensadora – por exemplo, talvez no passado você gostasse de biografias e agora esteja mais atraído por ficção. Vá aonde seu coração o levar.

Divida tarefas grandes

Outro motivo comum para não seguirmos nossos planos é que eles parecem assustadores. Podemos estar interessados numa atividade, e a acharíamos recompensadora, mas não conseguimos nos convencer a enfrentá-la.

Steve estava querendo fazer a limpeza de outono em seu jardim, mas por algum motivo nunca começava. Ele percebeu que se sentia assoberbado pelo trabalho, que, nesse ponto, tinha passado a incluir varrer folhas, cortar a grama, preparar os canteiros da horta e várias outras tarefas. Ele decidiu começar fazendo uma lista das tarefas individuais que precisava completar, e depois escolheu só uma para começar. Conseguiu preparar os canteiros e, quando começou a trabalhar, decidiu continuar, passando por alguns outros itens de sua lista.

O impulso é valioso quando estamos trabalhando para ser mais ativos. Como Steve, podemos tornar nossas tarefas pequenas o bastante para começar, pavimentando, assim, o caminho para o sucesso contínuo. Ao reler sua lista de atividades, veja se alguma delas precisa ser quebrada em partes menores. Use seu instinto como indicador – quando você imagina fazer uma atividade, sente resistência e temor? Se sim, quebre-a para torná-la mais administrável. Não tenha medo de deixar os pedaços o menor possível para começar. Para jardinagem, pode ser "encontrar minhas botas de trabalho". O mais importante é achar uma forma de ir em frente, não importa quão modesta.

Planeje atividades para momentos específicos

Se você teve dificuldade de completar alguma de suas tarefas, assegure-se de separar um tempo para ela. Às vezes, resistimos a fazer um plano específico porque nossa agenda é incerta ou gostamos de ter flexibilidade. Mas, por vezes, podemos ter sentimentos dúbios em relação a uma atividade, e deixar o momento dela em aberto é uma forma de nos dar uma saída se não quisermos cumpri-la. Colocando a atividade em nosso calendário, aumentamos nosso compromisso de completá-la. Também é uma boa ideia colocar um alarme que nos lembre quando chegar o momento. Além disso, faça o possível para evitar remarcar coisas em seus planos. Faça com que voltar à vida seja uma prioridade real.

Responsabilize-se

Escrever seus planos e colocá-los no calendário são formas de aumentar sua responsabilização. Também podemos nos responsabilizar perante os outros, para ter um incentivo extra de cumprir nossos planos. Pacientes meus costumam dizer que ter de se "reportar" a mim lhes dá mais incentivo para completar a lição de casa.

Há alguém para quem você pode contar sobre uma atividade que está tendo dificuldade de completar? Escolha com cuidado um parceiro de responsabilização – idealmente, alguém que o encoraje e não seja crítico nem punitivo se você não completar algo. Também pode ajudar ter alguém que queira fazer as atividades com você, como caminhar no horário de almoço com um colega de trabalho. Com a responsabilização, vocês vão encorajar a consistência um do outro.

Concentre-se em completar uma tarefa por vez

Quando planejamos várias atividades com antecedência, podemos ficar assoberbados com a lista. Em vez de nos sentirmos bem fazendo nossa primeira atividade, talvez estejamos focados nas outras nove ainda à frente. Se você se flagrar preocupado com tarefas futuras, lembre-se de que a única coisa que precisa fazer neste momento é exatamente o que está fazendo. Esse foco único terá mais um benefício: ajudar você a tirar o máximo da experiência, o que vai maximizar o valor da recompensa.

Lide com pensamentos problemáticos

Como o modelo da TCC deixa claro, nossos comportamentos estão intimamente ligados a nossos pensamentos e sentimentos. Certos pensamentos podem nos impedir de fazer as tarefas planejadas.

Steve se pegou pensando: "Talvez eu devesse simplesmente pular a academia hoje de manhã – provavelmente, ir não vai fazer com que eu me sinta melhor". Ao pensar mais, lembrou-se das muitas vezes em que a academia elevou, sim, seu humor. Decidiu fazer seu treino e tratar aquilo como um experimento, vendo se poderia ser mesmo útil.

Outros pensamentos podem minimizar a sensação de conquista que temos ao completar uma tarefa (por exemplo, "Essa tarefa fácil não foi nada – quero ver quando chegar nas partes difíceis"), reduzindo a recompensa que tiramos dela. Cada passo na direção certa conta, então trate até o menor deles como uma conquista.

Se você perceber que seus pensamentos estão interferindo em seu trabalho de ativação comportamental, eu lhe encorajo a ler o Capítulo 4: "Identifique e quebre padrões de pensamentos negativos".

Registre suas atividades

É uma boa ideia registrar como você está gastando seu tempo ao implementar a ativação comportamental. Você pode usar o formulário de Atividades diárias nas páginas 39-40. Há várias vantagens em simplesmente registrar o que fazemos:

- Apenas prestar atenção a nossa agenda pode nos levar a ser mais ativos.
- Você provavelmente descobrirá alguns períodos de tempo em que conseguirá adicionar atividades recompensadoras.
- Você conseguirá registrar seus progressos nas semanas que virão.
- Você pode usar o mesmo formulário para agendar e registrar suas atividades de valor.

Resumo do capítulo e lição de casa

Este capítulo abordou os princípios da ativação comportamental, uma forma simples e altamente eficaz de voltar a se engajar na vida e elevar nosso humor. Envolve um planejamento sistemático para inserir atividades recompensadoras em nossa vida, tornando, assim, nossos dias mais satisfatórios e agradáveis. Também tratamos de estratégias para fazer a ativação comportamental funcionar para você quando encontrar obstáculos, o que tende a acontecer com todos nós.

Técnicas apresentadas nos capítulos seguintes combinam bem com a ativação comportamental, como quebrar padrões de pensamento negativos, parar de procrastinar e praticar o autocuidado.

Neste ponto, você está preparado para:

1. Registrar suas atividades usando o formulário de Atividades diárias.
2. Seguir o plano de seis passos para inserir atividades de valor em seus dias. Pode ser suficiente fazer do passo 1 ao passo 4 nesta semana e agendar atividades para a semana seguinte.
3. Escolher de uma a duas atividades para completar por dia, começando pelas mais fáceis.
4. Usar as estratégias oferecidas para elevar as chances de seguir o plano.
5. Continuar escolhendo atividades de sua lista e marcá-las em sua agenda. Verificar periodicamente que as atividades estão alinhadas com seus valores.
6. Adicionar atividades e valores a sua lista, conforme lhe ocorrerem.
7. Divertir-se! Isso é para você.

Atividades diárias

Data de hoje: _____

Horário	Atividade	Satisfação (0-10)	Importância (0-10)
5h00–6h00			
6h00–7h00			
7h00–8h00			
8h00–9h00			
9h00–10h00			
10h00–11h00			
11h00–12h00			
12h00–13h00			
13h00–14h00			
14h00–15h00			
15h00–16h00			
16h00–17h00			
17h00–18h00			
18h00–19h00			
19h00–20h00			
20h00–21h00			
21h00–22h00			
22h00–23h00			
23h00–00h00			

Horário	Atividade	Satisfação (0-10)	Importância (0-10)
00h00–1h00			
1h00–2h00			
2h00–3h00			
3h00–4h00			
4h00–5h00			

Minha avaliação de humor para hoje (0-10): _____

CAPÍTULO

4

Identifique e quebre padrões de pensamentos negativos

No capítulo anterior, focamos o comportamento. Agora, voltamos nossa atenção a outra habilidade-chave na TCC: cuidar de nossos pensamentos.

Susan tinha tido um ano difícil. Suas responsabilidades profissionais haviam aumentado muito e, em torno dessa mesma época, ela descobriu uma traição profunda em seu casamento. Como resultado, seu sono estava ruim havia muitos meses e ela agora se sentia sobrecarregada e deprimida.

Em sua reunião de avaliação de desempenho mais recente, Susan ficou arrasada ao ouvir que seu chefe achava que seu desempenho estava piorando. Ela falou sobre isso com sua amiga Cathy durante o horário de almoço e ficou envergonhada ao começar a chorar. "Minha vida em casa está uma bagunça, estou fracassando no trabalho – eu me sinto completamente inapta", disse Susan.

Durante a conversa, Cathy ajudou Susan a considerar aspectos da situação que ela não tinha visto. Por exemplo, lembrou Susan de que ela tinha responsabilidades maiores no trabalho porque era muito valorizada em seu cargo e tinha sido promovida por isso. Essa conversa ajudou Susan a ter uma perspectiva nova que melhorou seu humor.

Neste capítulo, convido você a ser como a amiga de Susan – mas para si mesmo. Você pode fazer isso ouvindo de verdade o que está dizendo a si mesmo, o que dará a você uma chance de detectar mentiras e meias-verdades que têm efeitos poderosos sobre suas emoções.

É muito mais fácil ver os erros no pensamento dos outros do que nos nossos. Se os papéis fossem invertidos, Susan não teria tido problema em apontar como Cathy estava melhor do que pensava. Tendemos a ter pontos cegos com nosso próprio pensamento, então vou apresentar uma abordagem estruturada para monitorar e desafiar nossos padrões de pensamentos negativos.

O poder dos pensamentos

Para algo que não pode ser visto, ouvido ou medido, pensamentos têm um poder incrível. Nosso humor de um dia inteiro pode depender de como interpretamos uma única decepção. Pensamentos também podem ter um efeito profundo em nosso comportamento, afetando se perdoamos ou retaliamos, nos envolvemos ou nos afastamos, perseveramos ou desistimos. Não importa pelo que você esteja passando, é possível que seus pensamentos tenham influenciado, causando seu sofrimento ou prolongando-o.

Na TCC, esses pensamentos dolorosos são chamados de pensamentos negativos automáticos porque vêm sem esforço nosso. É como se nossa mente pensasse por si mesma, e certos gatilhos disparam essas formas automáticas de pensar. Assim como nossos pensamentos podem nos causar dor desnecessária, também podem nos ajudar a nos curar se os mobilizarmos a nosso favor. A palavra *mobilizar* é perfeita nesse contexto porque significa controlar algo para utilizá-lo. Como veremos neste e no próximo capítulos, podemos não só impedir que nossos pensamentos nos destruam, mas também usá-los para nos levantar.

Voltemos a Susan, que está tendo um dia difícil. No caminho do trabalho para casa, dirigindo na chuva, ela bateu no carro da frente. Após resolver as coisas com o outro motorista – que não foi lá muito amigável –, ela se sentou em seu carro e fez o que todos nós fazemos quando algo ruim acontece: pensou sobre aquilo.

O primeiro pensamento de Susan foi: "Mais uma coisa que eu estraguei – agora, eles vão aumentar meu seguro". Veio-lhe então a imagem de sua amiga Cathy, e ela se perguntou o que diria a Cathy se esta tivesse causado a batida. Susan definitivamente não falaria com Cathy usando a voz interna que dirigia a si mesma. Imaginou-se dizendo à amiga: "Estava chovendo e você estava com pressa de chegar em casa depois de um dia longo no trabalho. Você é humana. Não se culpe".

Susan sentiu a tensão em seu rosto se dissipar enquanto olhava a chuva pela janela. "Talvez Cathy tivesse razão", pensou. "Talvez eu esteja melhor do que penso." Chegou a sorrir um pouco para si mesma ao lembrar de como o homem em quem ela tinha batido estava mal-humorado. Ficou orgulhosa de si mesma por ter mantido a compostura com ele enquanto trocavam informações de seguro. Viu que sua positividade tinha feito o homem abandonar seu tom duro. "Acho que lidei bem com isso", pensou consigo mesma, continuando o caminho para casa.

Nossos pensamentos muitas vezes nos servem bem, ajudando-nos a tomar decisões sábias. Em outros momentos, nosso raciocínio é enviesado. Psicólogos demonstraram os muitos vieses incutidos na psique humana, e eles podem ser especialmente pronunciados quando passamos por estados emocionais extremos como raiva ou depressão.

Por exemplo, posso acreditar que alguém está tentando me envergonhar de propósito, quando, na verdade, as intenções da pessoa são totalmente benignas. Quanto mais frequentemente cometemos esses tipos de erros de pensamento, mais provável é que experimentemos problemas como ansiedade severa. Vamos considerar um plano para identificar e lidar com esses erros.

Como identificar pensamentos problemáticos

Seria fácil detectar nossos padrões de pensamentos negativos se eles se anunciassem: "Ei, aqui está um pensamento excessivamente negativo – não o leve muito a sério". Infelizmente, tendemos a supor que nossos pensamentos refletem uma visão imparcial da realidade. Ideias como "sou uma grande decepção" parecem tão objetivas quanto "a Terra é redonda".

Por esse motivo, precisamos ser mais espertos que nossos pensamentos. Felizmente, nossa mente não apenas produz pensamentos; ela também tem a capacidade de notá-los e avaliá-los. Mas, de nosso contínuo fluxo de pensamentos, a quais deles devemos dar atenção?

Há várias pistas de que pode haver pensamentos problemáticos presentes:

Você sente uma mudança repentina na direção de emoções negativas. Talvez tenha se sentido subitamente desanimado ou tenha passado por um choque de ansiedade. Pode ter sentido uma onda de ressentimento. Se prestarmos atenção a esses momentos, muitas vezes descobriremos pensamentos que estão dirigindo a mudança emocional.

Você não consegue se livrar de um sentimento negativo. Ficar preso a um estado emocional sugere que há padrões de pensamento que o mantêm. Por exemplo, você pode notar que está irritado a manhã inteira ou carregando uma sensação de temor durante boa parte do dia. Muito provavelmente, há pensamentos alimentando esses sentimentos.

Você está tendo dificuldade para agir de acordo com seus objetivos. Talvez não consiga se obrigar a cumprir planos que fez ou fique encontrando razões para não enfrentar seus medos. Por exemplo, um aluno pode adiar a escrita de um artigo, impulsionado pelo pensamento: "Vai sair muito ruim". Por outro lado, os pensamentos certos podem nos levar à ação.

ERROS DE PENSAMENTO

Os psiquiatras Aaron T. Beck, David D. Burns e outros desenvolveram listas de erros de pensamento chamados "distorções cognitivas". Algumas comuns são resumidas abaixo.

Erro de pensamento	Descrição	Exemplo
Pensamento preto e branco	Ver coisas em termos extremos	"Se eu for mal nessa prova, sou um idiota completo."
Idealizar	Pensar que a forma como queremos que as coisas sejam é a forma como elas devem ser	"Eu deveria ter sido mais paciente."
Generalizar excessivamente	Acreditar que um exemplo se aplica a todas as situações	"Não sei a resposta à primeira pergunta desta prova, então provavelmente não vou saber a resposta de nenhuma."
Catastrofizar	Pensar que uma situação é muito pior do que é	"Um cliente ficou muito bravo comigo hoje, então meu chefe provavelmente vai me demitir."
Descontar o positivo	Minimizar evidências que contradizem nossos pensamentos negativos automáticos	"Ela disse 'sim' quando eu a convidei para sair só porque sente pena de mim."
Argumento emocional	Supor que nossos sentimentos transmitem informações úteis	"Meu medo de voar significa que há uma boa chance de meu avião cair."

(continua)

Erro de pensamento	Descrição	Exemplo
Adivinhação	Fazer previsões baseadas em informações escassas	"A locadora provavelmente não terá mais carros."
Leitura de mentes	Supor que sabemos o que outra pessoa está pensando	"Eles provavelmente me acharam um idiota quando não consegui carregar meus slides."
Personalização	Achar que acontecimentos que não têm nada a ver conosco na verdade são sobre nós.	"Ela parece chateada – provavelmente, é por causa de algo que eu fiz."
Achar que tem direito a algo	Esperar alcançar certo resultado com base em nossas ações ou posição	"Mereço ser promovido depois de trabalhar tanto."
Terceirizar a felicidade	Dar a fatores externos a palavra final sobre nossas emoções	"Só posso ser feliz se os outros me respeitarem como mereço."
Falsa sensação de impotência	Acreditar que temos menos poder do que de fato temos	"Não adianta me candidatar para empregos – ninguém vai me contratar."
Falsa sensação de responsabilidade	Acreditar que temos mais poder do que de fato temos	"Se eu fosse um palestrante mais interessante, ninguém bocejaria durante minhas palestras."

Às vezes, a resposta será óbvia quando nos perguntarmos o que estamos pensando. Outras vezes, ela não estará aparente de imediato. Aqui vão algumas dicas para descobrir o que estamos pensando:

1. Tenha em mente que os pensamentos podem ser sobre o passado, o presente ou o futuro.
   - Passado: "Eu pareci um idiota".
   - Presente: "Estou indo muito mal nesta entrevista".
   - Futuro: "Vou ficar doente com todo este estresse".
2. Dê a si mesmo o espaço de que precisa para identificar o que está pensando, o que pode incluir:
   - Encontrar um lugar calmo para pensar por um momento.
   - Fechar os olhos e visualizar o que acaba de acontecer.
   - Fazer algumas respirações lentas.
3. Esteja consciente de que os pensamentos podem vir como impressões ou imagens, em vez de palavras. Por exemplo:
   - Imaginar perder sua linha de raciocínio e ficar olhando perdido para a plateia.
   - Imaginar sofrer um acidente enquanto dirige.
   - Ter uma vaga sensação de ser inadequado por algum motivo.

Registre seus pensamentos

Se você começou a TCC agora ou se faz tempo que a praticou, recomendo dedicar algum tempo a registrar seus pensamentos e os efeitos deles antes de começar a questioná-los. Não fique surpreso, porém, se começar a espontaneamente ajustar sua forma de pensar apenas por estar mais consciente dela. Nossa mente tem mais facilidade de reconhecer coisas que não são verdade quando começamos a notar as histórias que contamos a nós mesmos. Em geral, supomos que acontecimentos causam emoções ou ações, pulando a interpretação que fizemos. Na TCC, trabalhamos para identificar os pensamentos entre um acontecimento e uma emoção ou comportamento.

Quando Susan se decepcionou com sua avaliação de desempenho, ficou consciente de:

Acontecimento		Emoção
Avaliação crítica	⟶	Tristeza

Mas a avaliação em si não tinha o poder de afetá-la emocionalmente. Na verdade, foi a interpretação de Susan sobre o significado da avaliação que impulsionou a reação emocional dela:

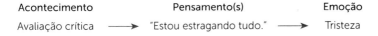

Acontecimento	Pensamento(s)	Emoção
Avaliação crítica ⟶	"Estou estragando tudo." ⟶	Tristeza

A emoção que Susan sentiu faz todo o sentido quando tomamos conhecimento de quais foram os pensamentos dela. Também podemos examinar a ligação entre pensamentos e comportamentos. Por exemplo, talvez estejamos querendo sair mais, mas tenhamos recusado um convite para encontrar um amigo. Essa sequência poderia ser assim:

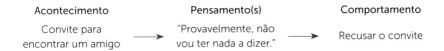

Acontecimento	Pensamento(s)	Comportamento
Convite para encontrar um amigo ⟶	"Provavelmente, não vou ter nada a dizer." ⟶	Recusar o convite

Quando encontrar desafios emocionais nos próximos dias, use esse modelo para registrar seus pensamentos. Você encontrará um formulário em branco *on-line* (em inglês) em CallistoMediaBooks.com/CBTMadeSimple.

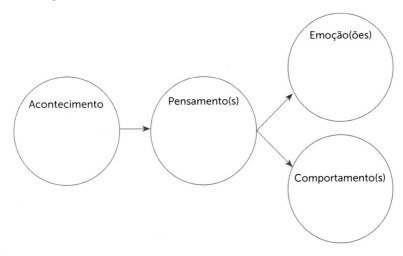

Tenha em mente que identificar os pensamentos exige prática. Embora possamos melhorar rapidamente, sempre há espaço para crescer ao observar o que nossa mente está fazendo. Nosso pensamento pode ter ainda mais poder se considerarmos o modelo de pensamentos, sentimentos e comportamentos da TCC. Lembre-se de que cada um desses componentes afeta o outro, de modo que os sentimentos e comportamentos que nossos pensamentos promovem, por sua vez, afetarão mais nossos pensamentos. Assim, um único pensamento negativo pode ser amplificado porque seus efeitos reverberam por nossos sentimentos e comportamentos.

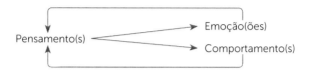

Chegue ao fundo de seus pensamentos

Às vezes, quando achamos que identificamos um pensamento negativo automático, não temos certeza do motivo pelo qual ele está nos chateando. Por exemplo, imagine que você está se vestindo de manhã e, quando olha no espelho, acha que sua blusa está apertada. Seu humor piora drasticamente e você troca de roupa. Ao perceber o que está acontecendo, você pensa de novo no acontecimento e escreve:

É difícil entender como esse pensamento levou você a ficar com vergonha de si mesmo e deprimido. Além do mais, não há um erro de pensamento aparente – você precisa mesmo de uma blusa maior. Se parece haver uma divergência entre um pensamento e seus efeitos, podemos usar a técnica de "flecha para baixo" para procurar o pensamento negativo automático. Muito provavelmente, há uma crença mais séria afetando nossos sentimentos e pensamentos.

Com a técnica da flecha para baixo, exploramos as implicações de nossos pensamentos – o que isso significa? Neste exemplo, vamos perguntar o que quer dizer sua blusa estar apertada demais. O nome da técnica vem das flechas para baixo que desenhamos conforme traçamos a linha de raciocínio:

Pensamento(s)

"Minha blusa está apertada demais",
o que quer dizer que...

↓

"Estou comendo demais", o que
quer dizer que...

↓

"Não tenho disciplina", o que
quer dizer que...

↓

"Nunca vou alcançar
meus objetivos."

Note que a cada flecha para baixo temos pensamentos cada vez mais perturbadores, com os últimos dois sendo realmente desanimadores. Agora, é mais fácil entender os sentimentos de vergonha e depressão. Você pode usar a técnica de flechas para baixo sempre que precisar cavar mais fundo para identificar um pensamento negativo automático.

Temas comuns em nossos pensamentos

Diferentes tipos de pensamentos levam a diferentes padrões de emoção e comportamento. Por exemplo:

Temas	Pensamento	Sentimento	Comportamento
Desesperança	"Nunca mais vou me sentir bem."	Depressão Inutilidade Inadequação Perda	Retração
Ameaça	"Vou reprovar nesta prova."	Ansiedade Perigo Incerteza	Autoproteção
Injustiça	"Ela me tratou de forma injusta."	Ansiedade Maus-tratos Violação das regras	Retaliação

As emoções que sentimos dão uma pista importante sobre o tipo de pensamento que temos. Por exemplo, sentir raiva sugere que você acredita que foi maltratado. Exemplos de pensamentos típicos para diferentes condições incluem os seguintes exemplos:

Ansiedade	"E se eu ficar doente ou me machucar e não conseguir mais trabalhar?" "As pessoas vão me ver ficando vermelho e vão achar que sou um idiota." "É perigoso ter um ataque de pânico enquanto dirijo."
Depressão	"Não consigo fazer nada direito." "Estou decepcionando todo mundo." "As pessoas ficariam melhor sem mim."
Raiva	"Ninguém mais faz sua parte por aqui." "Ela está me tratando como um idiota." "Fui tratado de forma muito injusta."

Quebrando padrões de pensamentos negativos

Quando você estiver bom em reconhecer os pensamentos ligados a emoções negativas, é hora de olhar esses pensamentos mais de perto.

George é um estudante de pós-graduação em psicologia. Deu sua primeira aula no semestre passado e ficou muito decepcionado ao ler alguns comentários negativos sobre sua didática nas avaliações do curso. Sua impressão após ler as avaliações era de que a maior parte era crítica. Como resultado, começou a questionar sua aptidão para seguir o sonho de se tornar professor universitário.

Mas quando olhou as avaliações uma segunda vez, contou uma proporção mais ou menos de dez comentários positivos para cada comentário negativo. Também percebeu que a maioria dos comentários negativos eram coisas de que ele já estava ciente e em que podia trabalhar para melhorar, como ser um palestrante mais dinâmico. "Talvez ainda haja esperança para minha carreira acadêmica", pensou George consigo mesmo.

A principal estratégia para quebrar padrões de pensamentos negativos é comparar nossos pensamentos com a realidade. Estamos nos dizendo algo razoável ou nossos pensamentos são um reflexo ruim da situação verdadeira? Não se preocupe achando que terá de colocar óculos cor-de-rosa e se enganar, acreditando que as coisas são melhores do que a realidade. Vamos só ver se nossos pensamentos estão alinhados com as evidências.

Siga os fatos

A série de passos a seguir permitirá que você identifique possíveis erros em seu pensamento.

Passo 1: busque evidências que apoiem seu pensamento

Há motivos reais para acreditar em seus pensamentos negativos? Na situação de George, ele teve algumas poucas avaliações críticas que apoiavam seu pensamento sobre ser um professor ruim. Cuide para que esse passo seja o mais objetivo possível, sem pular evidências disponíveis nem filtrá-las através de uma lente negativa.

Passo 2: busque evidências que não apoiem seu pensamento

Há algo que seu pensamento ignora, como George ignorou a preponderância de avaliações positivas? Ou talvez você tenha reconhecido esse outro lado das evidências, mas o tenha minimizado, como George sabia que tinha comentários positivos, porém acreditava que "eram só alguns" e que estavam "só sendo legais". Contar o número de avaliações positivas e negativas deu a ele uma medida objetiva. Você também pode pensar sobre o que diria a um amigo em sua situação. O que você você apontaria que ele pode ter ignorado?

Passo 3: busque possíveis erros em seu pensamento

A seguir, compare seu pensamento original com as evidências que reuniu. Você encontra algum erro de pensamento, como os listados nas páginas 44-45? Note também se acertou os fatos, mas errou a interpretação. Por exemplo, George tinha razão sobre precisar melhorar sua didática, mas tinha catastrofizado ao supor que isso significava que ele não deveria ser professor. Então, pergunte a si mesmo se seu pensamento significa o que você supôs. Mesmo que seja verdade, é tão ruim quanto parece? Escreva os erros que encontrar.

Passo 4: identifique uma forma mais precisa e útil de ver a situação

De que maneira você pode modificar seu pensamento inicial a fim de torná-lo mais consistente com a realidade? Tome o cuidado de criar um pensamento que seja apoiado por fatos, e não uma autoafirmação genérica ou uma simples negação do pensamento automático. Por exemplo, George pode tentar contrapor seus pensamentos negativos automáticos sobre suas aulas dizendo: "Na verdade, sou um professor incrível", mas esse pensamento tem pouco peso, porque é apenas uma opinião, e George não acredita muito nela. Lembre-se, não há necessidade de tentar se enganar para pensar melhor. Simplesmente siga os fatos e escreva a forma alternativa de pensar.

Passo 5: note e registre quaisquer efeitos do novo pensamento sobre seus sentimentos e comportamentos

Ao praticarmos novas formas de pensar, começaremos a experimentar mudanças em nossos sentimentos e comportamentos. Tome nota de qualquer efeito que perceber. Como sempre, seja honesto consigo mesmo, ainda que isso signifique dizer que não notou melhora nenhuma em seus sentimentos e comportamentos. Será valioso saber o que funciona para você e o que não funciona.

O exemplo a seguir ilustra como Kayla, que trabalha fora e tem quatro filhos, usou essa abordagem quando esqueceu de ligar para sua mãe no aniversário de 65 anos.

Evidências a favor do pensamento	Evidências contra o pensamento
• Esqueci de ligar para minha mãe num aniversário especial. • Também esqueci de enviar um cartão de aniversário a meus pais há alguns anos. • Nem sempre lembro das ocasiões especiais de meus amigos.	• Lembrei-me de ligar para meus pais em todos os outros aniversários. • Frequentemente faço coisas legais para os aniversários de meus amigos. • Estava ocupada levando minha filha doente ao médico no aniversário de minha mãe. • Estou muito consciente agora de possivelmente ter magoado minha mãe. • Pensei em ligar para ela no dia do aniversário, mas não num horário em que podia.

Houve erros em seu pensamento?

Generalização excessiva — supus que esse único erro me definisse como pessoa.

Qual é a forma mais precisa e útil de olhar a situação?

Eu estava ocupada com meu trabalho e a doença de minha filha, e realmente pretendia ligar para minha mãe. No futuro, posso colocar lembretes para ser mais difícil esquecer, mas o importante é que não é o fim do mundo, e minha mãe foi muito compreensiva quando finalmente liguei.

Quais foram os efeitos do novo pensamento?

Já não me sinto culpada nem triste, e foi bom lembrar das coisas legais que faço para os outros.

No início, é melhor seguir a estrutura do exercício escrito. Com a prática, podemos deixar de lado o registro formal de nossos pensamentos e simplesmente perceber e corrigir nosso pensamento falho em tempo real.

Resumo do capítulo e lição de casa

Este capítulo apresentou as habilidades cruciais de reconhecer e quebrar nossos padrões de pensamentos negativos. Você aprendeu a buscar pistas e ouvir atentamente para descobrir o que sua mente está lhe dizendo. Também considerou um plano para testar aqueles pensamentos na realidade.

Com a prática, você provavelmente encontrará temas recorrentes que aparecem em seus pensamentos. Esses temas são evidência de crenças subjacentes que dão lugar aos pensamentos negativos automáticos, um tópico que discutiremos no capítulo seguinte.

Por enquanto, convido-o a tomar os seguintes passos de ação:

1. Preste atenção às pistas de que os pensamentos negativos automáticos podem estar em ação (por exemplo, uma queda de humor repentina).
2. Pratique registrar os pensamentos negativos automáticos usando o formulário da página 47.
3. Siga a técnica de flechas para baixo conforme necessário para encontrar seus pensamentos que realmente causam sofrimento.
4. Quando se sentir confortável identificando seus pensamentos, use o plano de cinco passos para começar a testar a precisão deles.
5. Conforme ganhar experiência em captar e esclarecer seus pensamentos, comece a fazer isso no momento, sem escrever.
6. Volte à técnica escrita completa quando necessário para pensamentos mais desafiadores ou para afinar sua prática.

Evidências a favor do pensamento	Evidências contra o pensamento

Houve erros em seu pensamento?

Qual é a forma mais precisa
e útil de olhar a situação?

Quais foram os efeitos
do novo pensamento?

CAPÍTULO

5

Identifique e mude suas crenças centrais

No Capítulo 4, vimos formas de descobrir e mudar nossos pensamentos negativos automáticos. Se você é novo na TCC, definitivamente recomendo ler o Capítulo 4 antes de continuar. Neste, vamos explorar o que impulsiona esses pensamentos negativos. Por que nossa mente produz esses padrões de pensamento de forma tão rápida e sem esforço? Vamos mergulhar mais fundo na natureza de nossos processos mentais e descobrir que há crenças arraigadas por trás de nossos pensamentos cotidianos – e que podemos modificá-las com a TCC.

"Você poderia fechar meu zíper?", Maura pediu a Simon enquanto se arruma-vam para a festa de fim de ano. "Pronto", disse ele enquanto subia o zíper e fechava o gancho acima. Maura virou-se para examinar o vestido no espelho e Simon pen-sou, com um pouco de irritação: "Um 'obrigado' seria bom". Depois, quando estavam saindo, Simon perguntou se Maura queria que ele pegasse a salada que ela tinha feito. "Ah, claro", respondeu ela, e de novo Simon se sentiu levemente irritado. Parecia mesquinho insistir que ela dissesse "por favor" e "obrigada", mas Simon achava que o pequeno favor que havia feito para Maura não era reconhecido. Ele resistiu à vontade de dizer um "De nada" sarcástico enquanto levava a salada até o carro.

Outras vezes, Simon sente que sua esposa não vê quanto ele trabalha ou como o emprego dele é estressante. Ele a considera completamente absorvida na vida dos três filhos deles, com pouco tempo ou atenção sobrando para ele. Conforme se tornou mais consciente desses pensamentos e sentimentos, Simon começou a ver sentimentos similares em relação a seus filhos e também no trabalho. Um dia lhe ocorreu: "Espere aí – será que o problema é mesmo com todo mundo ou eu tenho uma tendência de me sentir desvalorizado?".

Simon estava começando a reconhecer a existência de uma *crença central*. A psicóloga Judith S. Beck (filha do dr. Aaron T. Beck) define as crenças centrais como "o nível mais fundamental de crença; elas são globais, rígidas e generali-zadas em excesso". Em outras palavras, crenças centrais formam o alicerce de como vemos o mundo.

O conceito de crença central captura a ideia de que *nossos pensamentos negativos automáticos não são aleatórios*. Quando prestamos atenção ao que nossa mente está fazendo, descobrimos temas recorrentes. Os temas específicos variam para cada um de nós; nossas reações típicas a situações de gatilho revelarão nossas próprias crenças centrais.

Uma crença central é como uma estação de rádio – as músicas podem variar, mas pertencem ao mesmo gênero: *country, jazz, hip-hop* ou clássico, por exemplo. Quando você sintoniza uma estação, sabe que tipo de música esperar. Da mesma forma, nossas crenças centrais indicam pensamentos previsíveis. Por exemplo, a crença central de Simon de não ser valorizado provocava pensamentos negativos automáticos sobre a falta de gratidão alheia.

Ao notar as "faixas" que sua mente sempre toca, você descobrirá em que frequência está sintonizado. Com a prática, pode desenvolver a habilidade de trocar de estação.

Por que temos crenças centrais?

Nosso cérebro tem de processar uma quantidade incrível de informação. Imagine que você está caminhando numa cidade grande, à procura de um restaurante onde encontrará um amigo. Quando entrar no restaurante, seus sentidos serão bombardeados por incontáveis estímulos – pessoas de pé, outras sentadas, vários ambientes e assim por diante. Se você tivesse que processar conscientemente cada estímulo, levaria uma quantidade enorme de tempo para entender o cenário.

Por sorte, nossa mente contém "mapas" que nos ajudam a rapidamente compreender a situação, supondo que não seja a primeira vez que entramos num restaurante. Sabemos que a pessoa que nos recebe é um recepcionista, então explicamos que vamos encontrar um amigo que chegará em breve. Não ficamos nem um pouco surpresos quando o recepcionista nos entrega um pedaço de papel após sentarmos, que sabemos que listará os alimentos e bebidas, além dos preços de cada item. Toda a nossa refeição vai se desenrolar de forma previsível, até pagarmos a conta e nos despedirmos do recepcionista na saída.

Esse exemplo mostra que nosso cérebro desenvolve atalhos baseados em aprendizados anteriores. Quando temos conhecimento sobre certa experiência, podemos navegar por ela com eficiência. Essa capacidade mostra que trazemos conhecimento organizado à experiência, confiando num modelo interno que guia nosso comportamento.

Psicólogos cognitivos chamam esses modelos internos de "esquemas" ou "roteiros". Se prestar atenção durante todo o seu dia, você notará muitos roteiros que segue: arrumar-se para o trabalho, fazer comida, dirigir um carro e pagar as compras no supermercado, para mencionar apenas alguns. Esses roteiros dão lugar a reações automáticas que muitas vezes nem exigem pensamentos conscientes, como quando dirijo um carro em segurança mesmo ouvindo rádio.

Da mesma forma, nossa mente desenvolve estruturas mentais que nos ajudam a lidar com situações potencialmente emocionais como rejeição, sucesso, fracasso e assim por diante. Por exemplo, se tivermos um pequeno fracasso, como perder nosso trem e nos atrasar para uma reunião, podemos pensar que somos irresponsáveis e reagir com sentimentos de culpa e arrependimento. Talvez entremos tímidos na reunião e usemos palavras e uma postura que sugiram não apenas "desculpe", mas também "fiz algo ruim". Esses pensamentos, sentimentos e comportamentos emanam da crença central "sou inadequado". Estar atrasado para a reunião não causou essa crença, mas a confirmou: "Veja, aqui está mais um exemplo de como sou falho".

Manter outra crença central daria lugar a um grupo de reações muito diferente. Se acredito em um nível fundamental que sou uma pessoa valorosa, posso ver meu atraso como lamentável, mas não indicativo de meu valor geral. Certamente, experimentaria menos estresse em meu caminho para o trabalho, já que meu valor como ser humano não depende de eu estar no horário. Mesmo que meu chefe apontasse que estou atrasado, não haveria um impacto grande em como me sinto sobre mim mesmo.

Às vezes, nossas crenças centrais se revelam por meio de suposições sobre como os outros nos veem. Esse processo é um tipo de "projeção", pois projetamos nos outros nossas crenças sobre nós mesmos. Por exemplo, se cometo um erro e suponho que as pessoas acham que sou uma decepção terrível, pode ser que eu me veja como uma decepção terrível. Prestar atenção ao que você supõe que os outros acreditam sobre você pode ajudar a revelar suas crenças centrais.

Identificando suas crenças centrais

Pense sobre os pensamentos negativos automáticos que frequentemente aparecem para você. Percebe alguma mensagem recorrente? Você pode rever alguns dos temas comuns que levam a emoções e comportamentos específicos (por exemplo, sentimento de perda leva a pensamentos depressivos; Capítulo 4, página 49).

Se você trabalhou para identificar e mudar seus pensamentos automáticos, pode registrá-los no anel externo da figura a seguir.

CAPÍTULO 5 | Identifique e mude suas crenças centrais 59

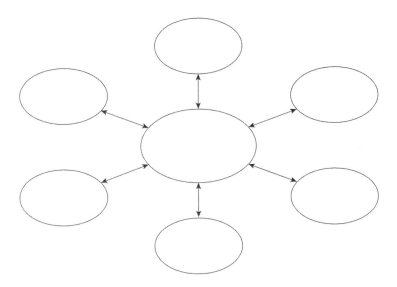

Ao considerar esses pensamentos automáticos, você encontra uma crença central que os une? Se sim, escreva-a no espaço do meio. Por exemplo:

Esther tinha muita ansiedade por sua saúde. Ela completou o diagrama de crença central a seguir.

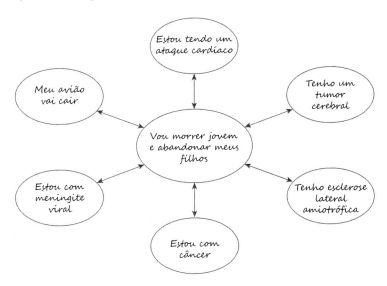

Quando Esther voava de avião, por exemplo, interpretava cada chacoalhão de turbulência como sinal de queda iminente. Seria de se esperar que muitos pousos

em segurança enfraquecessem seu medo de voar, já que fornecem evidências contra o medo dela. Mas as crenças centrais agem como um filtro que só deixa entrar informações que as confirmam. Cada vez que Esther voava, tinha pensamentos automáticos, como "Estamos perdendo altitude!", que a faziam pensar que tinha escapado por pouco de uma morte precoce. Em vez de se sentir mais segura, ela saía com a convicção de que talvez, na próxima, não tivesse tanta sorte.

Como Esther aprendeu, crenças centrais e pensamentos automáticos atuam de modo a se autoperpetuar, cada um sendo causa e consequência do outro. Ao se tornar mais consciente de seus padrões de pensamento, fique atento a momentos em que suas crenças centrais estejam interferindo em uma visão objetiva da realidade. Esse processo exige prestar muita atenção à presença de erros de pensamento em situações específicas, tomando cuidado para não acreditar em tudo o que nossa mente nos diz.

Tenha em mente que as crenças centrais negativas podem ficar dormentes quando estamos nos sentindo bem e emergir quando somos tomados por uma emoção forte. Indivíduos com tendência à depressão têm especial probabilidade de passar por um aumento de crenças negativas quando experimentam um humor negativo, elevando o risco de episódios futuros de depressão. Por sorte, podemos treinar nossa mente a se proteger contra a recaída, já que indivíduos que usam a TCC mostram um aumento menor de pensamentos negativos durante baixas de humor.

Você também pode usar a técnica de flechas para baixo (ver Capítulo 4, página 49) para chegar às suas crenças centrais. A cada passo, pergunte-se o que significaria se seu pensamento fosse verdade.

Esther usou a técnica de flechas para baixo para examinar as implicações de seu pensamento automático sobre estar com câncer:

Pensamento(s)

"Tenho câncer", o que significa que...

↓

"Não há cura", o que significa que...

↓

"Vou morrer em breve", o que significa que...

↓

"Vou deixar meus filhos sem mãe."

Você pode usar a técnica das flechas para baixo para explorar suas próprias crenças centrais.

De onde vêm nossas crenças centrais?

Alguns de nós podem ter tendência a desenvolver crenças centrais negativas com base apenas nos genes que herdamos. Uma parte significativa da tendência de experimentar emoções negativas – o que pesquisadores da personalidade chamam de "neuroticismo" – depende de nossos genes, e pesquisas mostraram que crenças centrais estão ligadas a nossos níveis de neuroticismo. É improvável que diferenças genéticas respondam por nossas crenças centrais *específicas*. Essas crenças em particular dependem de nossas experiências de vida.

Sophie luta constantemente com o sentimento de não ser boa o suficiente de alguma forma. Ela tem esse sentimento desde que consegue se lembrar e recorda uma sensação parecida desde o jardim da infância. Ela batalhou contra o TDAH quando era criança e, embora fosse muito inteligente, demorou para aprender a ler. Seus pais a fizeram repetir o jardim da infância quando ela mudou de distrito escolar, para que tivesse uma chance de ficar no mesmo nível de seus colegas.

A irmã mais nova de Sophie, Claire, por outro lado, já lia antes dos cinco anos, e seus pais frequentemente a elogiavam por seu comportamento calmo e por seu sucesso na escola. Como adulta, olhando em retrospecto, Sophie suspeita que seu sentimento de inadequação seja em parte baseado na decepção que percebia em seus pais e em sua crença de que eles amavam Claire mais do que ela.

Um único momento de desaprovação parental ou provocação leve em geral não deixa marcas duradouras. Um padrão geral de tratamento, porém, provavelmente moldará a forma como os indivíduos veem o mundo e a si mesmos. Se o acontecimento for suficientemente traumático, mesmo um único episódio pode moldar nossas crenças. Por exemplo, um abuso pode mudar nossa ideia de quanto o mundo é seguro, assim como uma traição pode alterar nossa habilidade de confiar nos outros.

Também podemos desenvolver crenças centrais com base em coisas que observamos ao crescer. Por exemplo, se testemunhamos nosso pai constantemente estressado por causa de dinheiro, podemos ter desenvolvido uma crença central sobre escassez econômica. Ou se nossa mãe o tempo todo nos alertava a ter cuidado, podemos desenvolver uma crença central sobre o mundo como lugar de ameaça constante.

62 Terapia cognitivo-comportamental

Algumas das crenças que desenvolvemos antes na vida podiam fazer sentido à época, mas são menos úteis agora. Por exemplo, um menino que cresceu com um pai abusivo pode ter aprendido que se defender só levava a mais abusos. Como resultado, desenvolveu a crença central "sou desamparado", que refletia a impotência de sua situação. Décadas depois, essa crença pode persistir, mesmo que ele não seja mais uma criança desamparada.

Tire um tempo para pensar sobre sua história. Há acontecimentos que se destacam como possíveis contribuintes para suas crenças centrais? Quais eram as dinâmicas familiares predominantes quando você era criança? O que lhe ensinaram no início da vida, intencionalmente ou não? E como essas experiências podem ter afetado sua visão de mundo, dos outros e de si mesmo? Dedique algum tempo a escrever seus pensamentos em seu diário.

Construindo novas crenças centrais

Depois de identificar e escrever suas crenças centrais em seu diário, como você começa a mudá-las? Vamos considerar várias ferramentas a sua disposição.

Sophie reconheceu que sua crença central de ser fundamentalmente falha provavelmente não era muito precisa. Mesmo assim, ela não conseguia se livrar da sensação de que era verdade. Como experimento, Sophie começou a buscar dados para confirmar ou não sua visão negativa de si mesma. Tratar isso como um experimento atiçou sua curiosidade – será que ela estava supondo algo falso todos esses anos?

Revendo sua história

Sophie começou revisitando algumas de suas experiências passadas e ficou surpresa de descobrir no mínimo a mesma quantidade de evidência tanto para seus pontos fortes como para suas fraquezas. Por exemplo, tinha conseguido entrar numa boa universidade (embora suas notas no ensino médio não fossem ótimas) e se formado com louvor.

Sophie se viu desprezando o bom desempenho na faculdade, dizendo a si mesma que fora bem "só porque me dediquei muito". Quando se pegou usando o velho filtro negativo, percebeu que tinha identificado outra força – era muito esforçada.

Pense sobre sua própria história de vida. Quais evidências sustentam suas crenças centrais? Há evidências que as contradizem? Registre suas respostas no formulário. Tome o cuidado de perceber se sua crença central pode estar enviesando sua memória ou interpretação dos acontecimentos. Por exemplo, uma crença central sobre ser um fracasso está fazendo com que você interprete decepções como algo que é inteiramente culpa sua? Faça, o máximo possível, com que este exercício seja um teste justo de sua crença.

Ao analisar o formulário completo, você consegue tirar alguma conclusão sobre a veracidade de sua crença central? Ela se baseou em algum erro de pensamento, como pensamento em branco e preto (ver nas páginas 44-45)?

Crença central: _____
Evidências a favor da crença:	Evidências contra a crença:
Precisão de minha crença central:
Crença alternativa:

Tal como acontece com pensamentos automáticos, veja se consegue identificar uma crença mais realista. Não há necessidade de exagerar e criar uma crença extremamente positiva, como "sou incrivelmente competente", que pode não ser baseada em fatos e na qual será difícil acreditar. Sophie decidiu-se por "tenho muitos pontos fortes", o que pareceu não apenas positivo, mas sensato.

Além disso, não se preocupe se tiver dificuldade de sentir que sua crença alternativa é verdadeira. Crenças centrais negativas podem ser persistentes, e modificá-las exige tempo e repetição.

Testando as evidências atuais

Podemos fazer um teste similar de nossa crença central negativa no presente. Usando o mesmo formulário, você pode acompanhar as evidências a favor e contra

64 Terapia cognitivo-comportamental

sua crença durante um dia. Olhe sua folha no fim do dia e examine os dados – a sustentação para sua crença é forte? Como sempre, não precisa se forçar a acreditar em nada. Vai levar tempo para treinar seus pensamentos numa nova direção.

Praticando o positivo

As crenças centrais negativas que identificamos tiveram inúmeras oportunidades de colorir nossos pensamentos, sentimentos e ações. Mudá-las exigirá prática persistente, não só testando a precisão delas, mas também aprendendo novas formas de pensar. Se só contradissermos nossas velhas crenças, o que as substituirá? Precisamos praticar novas formas de pensar que apoiem crenças centrais mais saudáveis.

"PASSANDO O DISCO" NA TCC

Quando eu estava começando a aprender sobre TCC, meu supervisor era o psicólogo dr. Rob DeRubeis, cuja obra inspiradora mostrou que TCC e medicação eram igualmente eficazes no tratamento da depressão (você talvez reconheça o nome dele do prefácio deste livro). O dr. DeRubeis nos deu uma metáfora para como os pensamentos mudam na TCC, que chamou de "passar o disco". Jogadores de hóquei ficam passando o disco um para o outro enquanto se movimentam na zona de ataque, em busca de uma oportunidade para marcar.

O "disco" na TCC são as evidências contra nossa crença central, e o passamos considerando repetidas vezes informações que mostram que nossa crença central não é verdadeira. Marcar um gol significa que a mente absorve as evidências e altera sua crença central. Você vai saber que a evidência acertou o alvo quando algo clicar em sua mente, o que pode parecer um momento de epifania.

Esses momentos estão ligados ao que o dr. DeRubeis e seus colegas identificaram como "ganhos repentinos" na TCC, nos quais os sintomas de depressão mostram uma queda rápida em sua gravidade. Esses ganhos repentinos também estão ligados a uma menor chance de recaída no futuro, sugerindo que a mudança cognitiva tem um efeito protetivo.

Comece com o positivo

Quando começamos a aprender como nossa mente reage em certas situações, podemos prever nossos pensamentos automáticos.

CAPÍTULO 5 | Identifique e mude suas crenças centrais **65**

Wendy frequentemente faz apresentações como parte de seu trabalho, e reconheceu que sempre espera que a plateia a avalie mal. Ela identificou sua crença central como "ninguém gosta de mim", e isso age como um filtro quando ela faz apresentações. Sua mente interpreta cada movimento sutil de membros da plateia como evidência de que não gostam dela. Por exemplo, se alguém cruza os braços, ela supõe que a pessoa esteja ficando impaciente com ela.

Quando Wendy sabe o que a mente dela fará durante uma apresentação, não precisa esperar até seus pensamentos negativos automáticos aparecerem. Em vez disso, pode definir sua reação com um planejamento cuidadoso. Wendy preencheu o formulário a seguir antes de fazer uma apresentação.

Situação: fazer uma apresentação
Crença central relevante: ninguém gosta de mim
Crença central mais realista: a maioria das pessoas que me conhece parece gostar bastante de mim.

Pensamentos automáticos prováveis	Reação racional
Eles estão entediados.	Os participantes consistentemente avaliam minhas apresentações como interessantes.
Eles sabem que não sei nada sobre este assunto.	Muitas vezes, me dizem que minhas apresentações são muito informativas.
Eles parecem confusos.	As pessoas costumam me elogiar pela clareza de minhas apresentações.
Sou uma péssima palestrante.	Meu chefe acha que sou a melhor palestrante em nossa área.
Ninguém está aprendendo nada.	As pessoas me dizem várias vezes quanto aprenderam em minhas palestras.

Antes de fazer sua última apresentação, Wendy reviu o formulário que tinha preenchido. Lembrou-se de sua crença central alternativa e leu as reações racionais a seus pensamentos negativos automáticos, pausando após cada um para se permitir um momento de conexão com essas observações precisas. Quando começou a palestrar, focou a coluna positiva, segundo a qual ela faz apresentações fortes, informativas e de que as pessoas gostam. Também se lembrou de não acreditar em sua crença central se ela desse as caras.

Você pode usar o formulário que Wendy usou para praticar padrões de pensamento que lhe servirão bem. Tenha em mente que estará criando muito mais do que afirmações positivas genéricas. Estará gerando pensamentos adaptados especificamente para os padrões problemáticos que o atormentam.

É especialmente difícil achar evidências que contrariam nossa crença central negativa quando mais precisamos delas – quando nossas crenças negativas estão ativadas e somos bombardeados por pensamentos negativos automáticos. Por esse motivo, é importante escrever o plano para lidar com seus pensamentos antecipados. Pode ser muito conveniente escrever esse plano numa ficha ou, como chama a dra. Judith Beck, um "cartão de enfrentamento".

Antes de entrar numa situação desafiadora, revise a evidência a favor da crença central mais realista. Você pode até ensaiar essas formas mais precisas de pensar ao acordar e ao se deitar para dormir – dois momentos em que nossa mente pode focar os pensamentos negativos automáticos. Essa abordagem proativa é uma alternativa a ficar sempre na defesa, e pode ser uma maneira eficaz de ir acabando com crenças centrais, em vez de reforçá-las.

Mantenha um registro das coisas que deram certo

Muitos estudos mostraram os benefícios de registrar os acontecimentos positivos em nossa vida. A prática é simplesmente escrever, ao fim do dia, três coisas que correram bem. Depois, escreva por que elas correram bem: pura sorte? Algo que você fez? Algo que outra pessoa fez? Completar consistentemente esse exercício leva a mais felicidade e menos depressão.

Também apresenta muitas oportunidades de encontrar evidências contra sua crença central negativa. Por exemplo, uma mulher que acredita que "eu nunca faço nada direito" pode descobrir que resolveu com sucesso um problema difícil no trabalho, o que contraria sua crença central.

Dê de ombros

Quando identificamos nossa crença central negativa, temos uma boa ideia do tipo de pensamentos que ela nos envia. Com a prática, podemos levar nossos pensamentos negativos automáticos menos a sério. Inicialmente, é essencial mergulhar nos pensamentos, anotá-los, buscar evidência e assim por diante – a abordagem completa que tratamos no Capítulo 4.

E, então, chegaremos a um ponto em que sabemos, com confiança, que os pensamentos automáticos não estão dizendo a verdade. Nesse ponto, podemos passar a rapidamente dispensá-los; de fato, daremos a eles a atenção mínima que merecem.

A maioria das pessoas acha útil ter uma frase padrão que sinaliza esse dar de ombros aos pensamentos automáticos. Aqui vão alguns exemplos para você testar. É importante ter uma que combine com sua voz e seu estilo:

- *Ah, você de novo?*
- *Rá, essa foi boa.*

- *Ah, mas não mesmo.*
- *Não vou cair nessa.*
- *Que pensamento bobo!*
- *Que engraçado que eu acreditava nisso.*

Uma ressalva: cuidado para não adotar uma frase que soe autocrítica. Não queremos que esse exercício se torne uma punição.

Quando começamos a levar os pensamentos negativos menos a sério, passamos a desenvolver uma relação diferente com nossos pensamentos. O capítulo a seguir expande essa noção, enquanto aprendemos sobre os princípios e as práticas de *mindfulness*.

Resumo do capítulo e lição de casa

Neste capítulo, consolidamos as práticas do Capítulo 4 ao identificar e desafiar as crenças centrais. Vimos como essas crenças trabalham duplamente, já que não só levam a pensamentos negativos automáticos, mas também criam um filtro mental capaz de interferir em nossa habilidade de avaliar esses pensamentos automáticos de forma objetiva. Não é fácil alterar nossas crenças centrais, e fazer isso exige uma prática persistente. Planeje ser paciente consigo mesmo enquanto modifica essas crenças profundas.

A lição de casa deste capítulo inclui múltiplas técnicas para identificar e mudar suas crenças centrais:

1. Observe temas recorrentes em seus pensamentos negativos automáticos.
2. Use a técnica de flechas para baixo para explorar o significado de seus pensamentos automáticos.
3. Reveja aspectos de seu passado que podem ter moldado suas crenças centrais.
4. Teste evidências passadas e atuais que podem ou não sustentar suas crenças centrais.
5. Pratique começar pelo positivo em situações que têm probabilidade de ativar os pensamentos automáticos relacionados a suas crenças centrais.
6. Mantenha um registro de três coisas que deram certo e por quê.
7. E, por fim, com o tempo, você pode passar a simplesmente dar de ombros quando surgirem pensamentos imprecisos e seguir em frente.

CAPÍTULO

6

Mantenha a atenção plena

Neste capítulo, mergulharemos no *mindfulness*, que, ao lado das práticas cognitivas e comportamentais, é a "terceira onda" da TCC. O *mindfulness* emergiu nas últimas décadas como uma forma poderosa de manter nosso equilíbrio enquanto lidamos com emoções difíceis.

> *Matt não sabia quanto mais conseguiria aguentar. Nas últimas noites, tinha trabalhado na transição para que sua filha mais nova pegasse no sono no berço em vez de no colo, e não estava sendo tão simples quanto ele imaginava.*
>
> *"Ela já deveria estar dormindo", pensou consigo mesmo enquanto sua filha seguia balbuciando. Ele já tinha entrado no quarto dela uma vez para acalmá-la e achado que ela estava perto de embalar quando saiu. Mas um minuto depois ouviu a voz dela, bem acordada, pela babá eletrônica. Alguns minutos mais tarde, os balbucios viraram choro. Matt sabia que teria de acalmá-la de novo.*
>
> *Balançou a cabeça ao entrar no quarto, esperando que ela não sentisse sua irritação. Ansioso para finalmente conseguir assistir a uma série de TV em paz, ficou dando tapinhas nas costas dela, revirando os olhos e rangendo os dentes no escuro.*

O que é *mindfulness*?

Se você prestar atenção ao que sua mente está fazendo, vai notar duas tendências fortes:

1. **A mente foca coisas que não são o que está acontecendo no momento.** Na maior parte do tempo, estamos pensando sobre eventos que já passaram ou que podem vir a ocorrer no futuro. Portanto, nosso bem-estar é frequentemente afetado por coisas que têm pouco a ver com o momento em que nos encontramos.

CAPÍTULO 6 | Mantenha a atenção plena **69**

2. **A mente avalia continuamente nossa realidade como boa ou ruim.** Ela faz isso com base no fato de as coisas estarem indo como queremos. Tentamos nos apegar às circunstâncias de que gostamos e afastar as de que não gostamos.

Essas tendências são parte do que é ser humano. Também podem nos causar problemas e sofrimentos desnecessários. Focar o futuro pode levar a preocupação e ansiedade, principalmente sobre coisas que nunca acontecerão. Ruminar os acontecimentos do passado pode levar a estresse e arrependimento sobre coisas que não estão mais sob nosso controle.

No processo, perdemos a experiência única que cada momento oferece. Não vemos de verdade as pessoas ao nosso redor, a beleza natural de nosso ambiente, cenários, sons ou outras sensações que estão aqui agora.

Nosso esforço constante e automático de julgar as coisas como a favor ou contra nós também cria dor desnecessária. Muitas vezes, acabamos resistindo a coisas de que não gostamos, mesmo quando essa resistência é vã. Um exemplo perfeito é reclamar do clima – não há quantidade de xingamentos contra a chuva que a faça parar, e só nos frustramos no processo.

A prática de *mindfulness* oferece um antídoto a esses dois hábitos.

Presença

Mindfulness é tão simples quanto trazer nossa consciência ao presente. É isso. Se você está passeando com o cachorro, preste atenção a essa experiência. Se está almoçando, concentre-se em almoçar. Se estiver discutindo com seu parceiro ou abraçando-o depois, esteja inteiramente nessa experiência.

Às vezes, ao aprender o que é *mindfulness*, dizemos: "Já *sei* que estou passeando com o cachorro. Sei que estou almoçando. Como isso pode ser útil?". Mas *mindfulness* é mais do que saber *que* estamos fazendo algo. Trata-se de ir mais fundo, de cultivar intencionalmente uma conexão com nossa experiência. Não só *passeamos* com o cachorro – notamos a cor do céu, a sensação do chão sob nossos pés, os sons que nosso animal faz, os puxões na coleira de vez em quando. É abrir nossa consciência aos elementos de nossa experiência que normalmente perdemos.

Ao mesmo tempo, uma abordagem plenamente atenta não exige que façamos nada além do que estamos fazendo. Se estamos correndo, estamos correndo. Se estamos dirigindo, estamos dirigindo. As pessoas protestam às vezes, dizendo que estar consciente em certas situações seria uma distração ou mesmo perigoso. Na verdade, o contrário é verdadeiro – ficamos mais seguros e menos distraídos quando nossa atenção está fixa no que estamos fazendo.

Apenas estarmos presentes em nossa vida cumpre duas tarefas ao mesmo tempo. Primeiro, permite que aproveitemos mais o que está acontecendo, para que não andemos feito sonâmbulos pela vida. Podemos descobrir a riqueza em nossa realidade, até nas atividades mais mundanas. Segundo, quando estamos presentes, não estamos ruminando o passado ou temendo o futuro, o que é uma grande parte de por que a prática de *mindfulness* reduz a ansiedade e a depressão. Muito de nossa infelicidade vem de coisas que não têm nada a ver com o que é real neste momento. Por exemplo, eu estava caminhando da estação de trem para casa uma noite e comecei a pensar na saúde dos meus filhos. Sem me dar conta, passei a imaginar um cenário trágico em que um deles estava com uma doença grave e comecei a me sentir ansioso e abatido como se aquilo já estivesse acontecendo. Quando me dei conta e voltei ao presente, notei o que era real: a luz se alongando, os pássaros voando, a grama verde e o céu azul. Meus filhos estavam saudáveis, até onde eu sabia. Eu não precisava viver em minha fantasia trágica. Foi difícil não sorrir ao perceber isso enquanto caminhava para casa para vê-los.

> *"A forma de experimentar o agora é perceber que este exato momento, este exato ponto de sua vida, sempre é a ocasião certa."* – Chögyam Trungpa, Shambhala: The Sacred Path of the Warrior (O caminho sagrado do guerreiro)

Aceitação

A segunda característica central da consciência plena é a aceitação, que significa nos abrirmos à nossa experiência conforme ela se desdobra.

Depois de algumas noites horríveis, Matt percebeu que precisava de uma nova perspectiva sobre a hora de dormir de sua filha. Na noite seguinte, decidiu tentar uma abordagem diferente – e se ele deixasse a noite acontecer como fosse? Afinal, sua resistência não estava melhorando as coisas: resistir estava deixando-o frustrado em relação ao bebê todas as noites. Ele decidiu fazer seu melhor para ajudá-la a pegar no sono, abrindo mão de seu apego feroz a controlar exatamente quando isso aconteceria.

Da primeira vez que sua filha começou a chorar, Matt fez uma respiração para se acalmar antes de ir ao quarto dela. Em vez de dizer a si mesmo "odeio isso" ou "isso é ridículo", ele pensou: "Isto é o que está acontecendo agora". Então, avaliou o que essa afirmação realmente significava: ele estava de pé ao lado do berço de sua bebê, a quem ele amava mais que tudo. Estava acariciando as costinhas dela, do tamanho de sua mão. Conseguiu ouvir a respiração dela desacelerando. Percebeu como, naquele momento, não tinha reclamações reais sobre nada. Não estava com frio, fome, sede ou em perigo. Sua filha estava saudável. Ela só não tinha dormido ainda. Talvez as coisas fossem exatamente como deviam ser.

O exemplo de Matt revela corolários importantes da aceitação plenamente atenta. Primeiro, não significa que paramos de ter preferência sobre o caminho das coisas. Claro, Matt ainda queria que a bebê dormisse rápida e facilmente, e queria ter mais tempo à noite para si mesmo, para relaxar. Aceitar significava tomar essas preferências de forma mais leve, e não supor que a filha estivesse fazendo algo errado por não dormir quando ele queria.

Assim, Matt não jogou a toalha, nem parou de seguir a rotina da hora do sono com que ele e sua esposa tinham concordado na transição para a bebê dormir em seu próprio berço. Continuou com seu plano, oferecendo previsibilidade e consistência, ao mesmo tempo reconhecendo que não conseguiria controlar o sono de sua filha.

Quando paramos de lutar contra o modo como as coisas são, aliviamos uma porção enorme de nosso estresse. No início de minha carreira, tive uma supervisora muito difícil e frequentemente me via preso em meus pensamentos na tentativa de entender por que ela era tão irracional. Finalmente, cheguei ao ponto de aceitar que ela podia simplesmente ser difícil, ponto. Minha aceitação não mudou o comportamento dela, mas me libertou de agir como se ela estivesse fazendo algo surpreendente. Ela simplesmente estava agindo conforme o esperado.

Uma parte crucial da aceitação é que ela nos permite reagir de forma apropriada aos fatos à nossa frente. Minha aceitação do temperamento de minha chefe deixou claro para mim que eu precisava procurar outro emprego, o que destaca a distinção entre aceitação e apatia.

Benefícios do *mindfulness*

Treinar *mindfulness* ajuda com uma ampla gama de doenças. Uma lista parcial inclui ansiedade, transtorno do déficit de atenção e hiperatividade (TDAH), dor crônica, depressão, transtornos alimentares, raiva excessiva, insônia, transtorno obsessivo-compulsivo (TOC), dificuldades de relacionamento, deixar de fumar e estresse. Muitos programas de tratamento foram desenvolvidos integrando práticas de *mindfulness* e TCC. Um dos primeiros foi a terapia cognitiva baseada em *mindfulness* (MBCT, na sigla em inglês) para depressão, desenvolvida pelos psicólogos Zindel Segal, John Teasdale e Mark Williams. Esses desenvolvedores ponderaram que as ferramentas de *mindfulness* eram adequadas para curar alguns dos fatores que contribuem com a depressão. Por exemplo, praticar prestar atenção a sua experiência interna poderia fortalecer a habilidade de detectar sinais precoces de depressão, como pensamentos automáticos negativos irrealistas.

A MBCT inclui elementos da TCC tradicional para depressão e integra treinamento de *mindfulness* para proteger contra recaídas. Muito do treinamento é focado em usar a consciência plena para notar pensamentos problemáticos. Também coloca ênfase em aprender uma relação diferente com seus pensamentos. Podemos aprender a reconhecê-los como simples pensamentos, em vez de algo a que precisamos reagir.

Vários estudos mostraram que a MBCT leva a esse objetivo. Por exemplo, uma pesquisa de Teasdale, Segal, Williams e seus colegas descobriu que entre indivíduos com depressão recorrente, a MBCT reduziu o risco de recaída em quase metade em relação ao grupo de controle que recebeu outros tratamentos (por exemplo, medicação antidepressiva, outros tipos de psicoterapia).

A terapia de aceitação e compromisso (ACT, na sigla em inglês), desenvolvida por Steven Hayes, também foi apoiada fortemente por pesquisas no tratamento de várias doenças como depressão, ansiedade e dor crônica. Como sugere o nome, ela enfatiza a aceitação de nossa experiência a serviço de nos comprometer com ações que apoiem nossos valores. Intimamente relacionada à ACT, a terapia comportamental baseada em aceitação foi criada por Susan Orsillo e Lizabeth Roemer para tratar transtorno de ansiedade generalizada. E o tratamento mais testado para transtorno de personalidade borderline – uma doença debilitante e de difícil tratamento – inclui um forte componente de *mindfulness* para cuidar da dificuldade de lidar com as emoções fortes que fazem parte desse diagnóstico. *Mindfulness* claramente tem efeitos benéficos sobre muitas questões psicológicas. Como essa abordagem leva a melhorias?

Como o *mindfulness* ajuda

Há algumas formas pelas quais a prática de *mindfulness* produz seus benefícios:

Maior consciência de nossos pensamentos e emoções. Quando praticamos prestar mais atenção e nos abrir para nossa realidade, começamos a nos conhecer melhor. Damo-nos o espaço necessário para reconhecer o que estamos pensando e sentindo e, por aceitarmos a realidade como ela é, não negamos nossa própria experiência.

Melhor controle de nossas emoções. Maior consciência de nossas emoções internas nos ajuda a interromper linhas de raciocínio contraproducentes como ruminação e ressentimento. Adotar um foco presente também tende a ser calmante, o que pode afrouxar o controle de emoções fugidias sobre nós.

Uma relação diferente com nossos pensamentos. Nossa mente está continuamente gerando pensamentos. Conforme permitimos que esses pensamentos cheguem e partam durante a prática de *mindfulness*, começamos a dar menos peso a eles. Aprendemos que eles são só ideias criadas por nossa mente, não necessariamente reflexos de qualquer coisa significativa.

Diminuição da reatividade. Conforme nossa relação com nossos pensamentos evolui, ficamos menos propensos a reações habituais que muitas vezes não são o melhor para nós. O *mindfulness* pode oferecer uma pausa antes de agirmos pelo nosso impulso inicial, nos dando tempo suficiente para escolher uma reação adequada a nossos objetivos e valores.

Como podemos praticar *mindfulness*?

Como qualquer hábito, estar mais presente exige prática. Há duas grandes categorias da prática de *mindfulness*: atividades desenhadas especificamente para engajar a consciência plena e o ato de levar a atenção plena a nossas atividades diárias.

Práticas formais de *mindfulness*

A técnica formal de *mindfulness* mais comum é a meditação sentada. Envolve escolher algo para focar por uma quantidade determinada de tempo e se abrir à experiência conforme ela se desdobra momento a momento. O alvo mais comum de foco é a respiração, que está sempre conosco e sempre acontece no presente. Inevitavelmente, nossa atenção divagará a outros tempos e lugares, ou começaremos a nos engajar em julgamentos sobre como estamos indo ou se gostamos de meditar. A prática é simplesmente retornar a nosso foco pretendido quando percebermos que o perdemos. Esse foco em voltar ao nosso momento presente, sem criticar a mente por se distrair, é a essência da meditação.

Outros tipos comuns de meditação podem incluir um foco em sensações corporais (leitura do corpo), sons ambientes ou desejos de saúde e contentamento para conosco e com os outros (meditação de compaixão).

Práticas formais também incluem exercícios mais ativos, como ioga e tai chi. Na ioga, por exemplo, podemos prestar atenção às sensações físicas das poses, incluindo a respiração sincronizada com o movimento. Podemos também praticar a aceitação do desconforto que por vezes sentimos em posturas desafiadoras, o que pode levar a ficar na pose e respirar com o desconforto, ou mudar nossa posição se necessário. Consciência e aceitação promovem escolha.

"Uma das principais descobertas da meditação é ver como fugimos o tempo todo do momento presente, como evitamos estar aqui exatamente como somos. Isso não é considerado um problema; o importante é vê-lo." — **Pema Chödrön**, The Wisdom of No Escape and the Path of Loving-Kindness (A sabedoria de não ter saída e o caminho da gratidão)

Como começar a meditar

A ideia da meditação é simples, mas a prática, em geral, não é. Quando sentamos para meditar, a mente muitas vezes decide que tem outras coisas para fazer. Reações comuns ao começar a meditar incluem:

- Sentir-se um pouco entediado.
- Sentir-se frustrado.
- Querer parar.
- Lembrar-se de repente de coisas que pretende fazer.
- Ter inúmeros pensamentos disputando sua atenção.

Nenhuma dessas experiências significa que você está fazendo algo errado ou não sabe meditar, então continue. Pode ajudar ter em mente o seguinte, durante sua prática de meditação:

Você não é ruim em meditar. Vamos perder o foco várias e várias vezes enquanto meditamos. Se acha que é ruim nisso, repense – meditação é simplesmente reencontrar o foco tantas vezes quantas o perdermos. Não temos de acreditar nos pensamentos autocríticos que se intrometem em nossas sessões de meditação.

O objetivo não é "ficar bom em meditar". É fácil trazer o hábito de julgar para nossa prática de *mindfulness*, o que pode tornar a meditação ao mesmo tempo punitiva e decepcionante. O ponto da meditação é simplesmente focar o presente e abrir mão de julgamentos.

Não se apegue a um resultado específico. Você provavelmente tem expectativas de como será a meditação – ter uma mente clara e tranquila, por exemplo – e pode se esforçar para fazer a experiência se adequar ao que você espera. Mas, na realidade, nunca sabemos o que vamos sentir durante a meditação. Podemos praticar nos abrindo ao que quer que aconteça numa sessão em particular.

Há muitas formas de meditar. Segue um plano simples para começar:

CAPÍTULO 6 | Mantenha a atenção plena **75**

1. Pratique a meditação quando puder ficar acordado e alerta.
2. Encontre um lugar tranquilo onde não será perturbado e remova possíveis distrações, como seu telefone.
3. Escolha um assento confortável no chão, numa cadeira ou em qualquer outro lugar. Se sentar no chão, pode erguer os quadris com um tapete ou um bloco de ioga, se for mais confortável.
4. Feche os olhos, se desejar, ou mantenha-os abertos e fixos no chão a alguns centímetros de você.
5. Pratique com ou sem uma gravação; coloque um alarme se fizer sem. Cinco minutos é um bom ponto de partida. Mantenha o cronômetro longe da vista.
6. Comece a notar as sensações de respiração, prestando atenção a elas durante toda a duração de sua inspiração e expiração.
7. Traga sua atenção de volta à respiração sempre que perceber que sua mente se distraiu.
8. Há muitos aplicativos e meditações gratuitas *on-line* disponíveis se você preferir uma meditação guiada. Aura e Insight Timer, por exemplo, são aplicativos de meditação gratuitos disponíveis para sistemas iOS e Android.

Por fim, como em qualquer outra coisa, seja leve. A prática de meditação é para você, portanto, evite torná-la mais uma tarefa para riscar em sua lista de afazeres.

Mindfulness em ação

A outra categoria da prática de *mindfulness* acontece no curso de nossas atividades diárias. Matt usa exatamente essa abordagem para mudar sua relação conturbada com o horário do sono de sua filha. Podemos levar nossa atenção ao que estivermos fazendo, abrindo-nos à experiência o máximo possível.

Ben ama andar de bicicleta por onde mora. É uma área bem montanhosa, então, na maior parte do tempo, ele está subindo ou descendo uma grande ladeira. Percebeu, em algum ponto, que estava passando boa parte de seus passeios odiando as inclinações, preocupando-se em não conseguir chegar ao topo dos próximos morros. Isso nunca tinha acontecido nos dez anos em que ele andava de bicicleta. Estimou passar cerca de metade do tempo na sela preocupado com as partes mais difíceis de seus passeios, o que o impedia de curtir as partes mais fáceis.

Da próxima vez que Ben subiu na bicicleta, decidiu focar sua atenção em cada parte do passeio e desenvolver um interesse na experiência, em vez de resistir a ela. Enquanto pedalava, viu que conseguia apreciar mais as partes fáceis do passeio porque não estava temendo a ladeira seguinte, e podia permitir que as subidas fos-

sem difíceis e desafiadoras, mas não algo a resistir. Continuou tendo pensamentos ansiosos sobre não conseguir chegar ao topo, mas era capaz de levar esses pensamentos menos a sério, reconhecendo-os como simples pensamentos, não previsões precisas.

Enquanto estiver praticando a consciência plena em suas próprias atividades diárias, mantenha em mente os seguintes princípios:

1. Foque sua atenção nas experiências sensoriais (visões, sons etc.), bem como em pensamentos, sentimentos e sensações corporais.
2. Abra-se ao que está acontecendo no momento, permitindo que sua experiência seja o que é, em vez de resistir.
3. Traga uma "mente de iniciante" à atividade, como se fosse a primeira vez que a faz ou a testemunha. Abra mão de expectativas preconcebidas sobre como será.
4. Permita que a experiência leve o tempo que precisar, em vez de tentar correr para a próxima coisa.
5. Note a urgência de se apegar a aspectos da experiência dos quais você gosta e afastar as partes de que não gosta.
6. Permita que os pensamentos venham e vão, reconhecendo que são só pensamentos. Pratique não se perder neles, nem resistir a eles, mas simplesmente deixá-los fluir.

Mitos do *mindfulness*

Muitas pessoas têm objeções à ideia de *mindfulness* quando a conhecem pela primeira vez, e essas objeções podem evitar que elas se engajem na prática. A maioria parece nascer de mal-entendidos sobre o que significa ter atenção plena. Mitos comuns incluem:

***Mindfulness* é uma prática religiosa ou semelhante a um culto.** Como o *mindfulness* é parte integral de algumas tradições religiosas, poderíamos supor que seja uma atividade inerentemente religiosa. Mas estar em nossa vida e fazer de fato o que estamos fazendo não pertence a nenhuma religião ou abordagem espiritual específica e é algo que pode ser praticado sem aderir a nenhuma tradição (incluindo a espiritualidade mística ou New Age). Ainda assim, *mindfulness* não é contraditório a nenhuma religião. Independentemente de nossas crenças e valores, podemos abraçá-los mais completamente com uma abordagem consciente.

Levando a consciência plena a suas rotinas diárias

Podemos focar nossa atenção em qualquer coisa que estejamos fazendo. Aqui vão alguns exemplos de nossas atividades cotidianas:

Tomar banho. Há muitas experiências sensoriais nas quais prestar atenção no banho, como a sensação da água em seu corpo, o som da água, a temperatura e a umidade do ar, a sensação de seus pés no box ou na banheira e o cheiro do sabonete ou do xampu.

Arrumar-se. Tarefas como fazer a barba, pentear o cabelo ou escovar os dentes podem parecer tediosas. Mas se algum dia você não conseguiu fazer uma dessas coisas, como escovar os dentes depois de uma cirurgia bucal, sabe o deleite que sente em finalmente fazê-las de novo. Pratique fazer as atividades sem pressa, como se fosse a primeira vez.

Estar ao ar livre. Imagine (ou perceba) que você é um visitante no planeta Terra. Veja o céu, sinta o ar, ouça os pássaros e testemunhe as árvores como se nunca antes tivesse experimentado este lugar estranho e impressionante.

Comer. Note a comida que está ingerindo – sua cor e aroma, seu gosto e textura em sua boca, a sensação de mastigar e engolir. Saboreie a experiência como se nunca tivesse comido antes.

Ler um livro. Note a sensação e o cheiro do livro, seu peso, a textura das páginas e o som delas sendo viradas. Esteja consciente da sensação que tem ao se acomodar com um livro.

Ouvir alguém. Note os olhos da pessoa enquanto ela fala, a entonação da voz, a variação nas emoções. Pratique ouvir e ver essa pessoa como se fosse a primeira vez.

Ir para a cama. Podemos terminar nosso dia abrindo mão de nossas experiências passadas com o sono e nos abrindo ao que a noite trará. Sinta seu corpo pesado sobre o colchão e a pressão do colchão ao apoiá-lo. Preste atenção às sensações de sua cabeça no travesseiro e da coberta ou lençol sobre si, aos sons no quarto e fora dele, à respiração entrando e saindo de seu corpo.

Mindfulness não é científico. As pessoas às vezes se opõem ao conceito de *mindfulness* porque "preferem viver no reino dos fatos e da ciência". Se precisar de evidências sólidas dos benefícios do *mindfulness*, está com sorte – um número grande e crescente de estudos rigorosos tem descoberto que *mindfulness* ajuda com uma ampla gama de doenças, como ansiedade e depressão. Descobriu-se, até, que muda o cérebro. A prática de *mindfulness* é apoiada por ciência sólida.

Mindfulness significa passar muito tempo em nossa cabeça. A linguagem é uma ferramenta imperfeita, e mal-entendidos sobre a que *mindfulness* se refere são comuns. Em vez de habitar nossa mente, *mindfulness* tem a ver com nos conectar com nossas experiências básicas e desapegar das histórias em que as embrulhamos. Estar presente é estar consciente e num estado de abertura ao que descobrimos.

Mindfulness significa desistir de qualquer esforço de afetar nosso mundo para melhor. A palavra *aceitação* pode significar que não vamos tentar mudar algo, como quando dizemos: "Aceitei que não vou jogar esportes profissionais". No contexto do *mindfulness*, aceitação quer dizer que não negamos que a realidade é a realidade. Estamos dispostos a ver uma situação como ela é. Esse tipo de aceitação pode, na verdade, ser um catalisador de mudança, como quando aceitamos que existe pobreza arrasadora em nossa comunidade e decidimos agir para atenuá-la.

Mindfulness é fraqueza. Se partimos do pressuposto de que *mindfulness* quer dizer nunca assumir uma posição, faria sentido dizer que *mindfulness* é uma espécie de prática café com leite – especialmente se equalizamos luta e resistência com força. Mas, pelo contrário, desapegar é difícil. Abrir mão de nossos hábitos de perseverar no passado e temer o futuro exige trabalho e determinação. *Mindfulness* nos ajuda a direcionar nossa força de formas que nos sejam úteis.

Mindfulness significa nunca ter objetivos. Se estamos focados no presente e em praticar aceitação, como podemos estabelecer objetivos ou planejar o futuro? Pode parecer contraditório, mas planejar o futuro e definir objetivos são coisas totalmente compatíveis com a prática de *mindfulness*. Como dito anteriormente, aceitar a realidade pode dar lugar a esforços de mudar uma situação. Por exemplo, posso aceitar que minha casa está quente demais e decidir comprar um ar-condicionado. E podemos praticar a presença mesmo enquanto definimos objetivos ou fazemos planos, estando imersos na realidade dessas atividades voltadas ao futuro.

Mindfulness é igual a meditação. A palavra *mindfulness* em geral conjura imagens de alguém sentado de pernas cruzadas e meditando, o que faz sentido, já que a meditação é uma prática de *mindfulness* muito comum. Mas a meditação não é a única forma de praticar a consciência plena. Um número infinito de atividades oferece oportunidades para desenvolver a abertura a nossa experiência, desde relaxar com amigos a correr uma ultramaratona. A vantagem de práticas formais como meditação é que elas oferecem uma dose concentrada de treinamento da mente para focar o agora. Podemos, então, levar esse treinamento a qualquer momento de nossa vida. De fato, notei que praticar meditação conduz a mais experiências de presença consciente espontânea em nossas atividades cotidianas.

CAPÍTULO 6 | Mantenha a atenção plena **79**

Redução do estresse baseada em *mindfulness* (MBSR)

Você não precisa estar lidando com um transtorno psicológico para se beneficiar do treinamento de *mindfulness*. A maioria de nós pode aproveitar ferramentas para lidar com os estresses comuns de estar vivo. Jon Kabat-Zinn desenvolveu um programa bastante conhecido de oito semanas chamado, na sigla em inglês, de MBSR, que milhares de pessoas completaram. Ele inclui:

- Educação sobre os princípios de *mindfulness*
- Treinamento em meditação
- Consciência do corpo
- Ioga suave
- *Mindfulness* em atividades

O programa MBSR é uma forma confiável de reduzir a ansiedade e aumentar a habilidade de lidar com o estresse. Se você estiver interessado em aprender mais, o dr. Kabat-Zinn detalha o programa em seu livro *Viver a catástrofe total*. Você também pode informar-se sobre MBSR *on-line* ou em cursos baseados em *mindfulness* perto de você.

Caminhada plenamente atenta

Se estiver pronto para colocar o *mindfulness* em ação, uma forma simples de começar é sair para uma caminhada plenamente atenta. Nesse exercício, você praticará trazer à sua experiência mais atenção e curiosidade do que o usual. Você pode optar por notar:

- A solidez do chão sob seus pés.
- Os movimentos e contrações musculares exigidos para se equilibrar e caminhar: o balanço de seus braços, o impulso de cada pé, as contrações nos músculos de suas pernas e da lombar etc.
- Sons que você está criando, como sua respiração e suas pegadas.
- Sons ao redor, como pássaros, carros e o vento nas árvores.
- As visões ao seu redor, incluindo coisas pelas quais você pode ter passado inúmeras vezes, sem nunca ter notado.
- Cheiros no ar.
- A sensação do ar na sua pele e o calor do sol.
- A qualidade da luz – seu ângulo, intensidade, as cores que ela cria.
- As particularidades do céu sobre você.

Essa abordagem pode ser aplicada a qualquer experiência que você escolha, da mais mundana à mais sublime.

Resumo do capítulo e lição de casa

Neste capítulo, exploramos os efeitos poderosos e abrangentes de apenas estar completamente presentes em nossa experiência com mais abertura. Práticas formais como ioga e meditação complementam momentos de *mindfulness* em nossas atividades cotidianas. Também vimos como essas práticas foram integradas à TCC, sendo comprovadamente eficazes no tratamento de muitas doenças. Se você está trabalhando com ativação comportamental e/ou mudando seus pensamentos, os princípios de *mindfulness* combinam perfeitamente com essas práticas. Capítulos subsequentes incluirão práticas de todos os três pilares da TCC.

É normal haver mal-entendidos sobre *mindfulness*, frequentemente baseados em impressões falsas sobre o que é a prática. Se você estiver pronto para tentar pela primeira vez ou quiser aprofundar sua prática, convido-o a dar os seguintes passos:

1. Comece a notar o que sua mente está fazendo durante seu dia. Está focada no passado, no presente, no futuro? Está aberta à sua experiência ou resistindo? Cuide de só notar, desapegando ao máximo de julgar o que sua mente está fazendo.
2. Escolha um pequeno número de atividades para praticar a consciência plena durante seu dia, usando os seis princípios apresentados neste capítulo.
3. Comece uma prática de meditação. Se for algo totalmente novo para você, comece com apenas alguns minutos ao dia. A seção Recursos no fim deste livro traz links para meditações guiadas gratuitas.
4. Ler livros sobre *mindfulness* pode reforçar os conceitos deste capítulo e contribuir com uma prática robusta; verifique a seção Recursos e veja sugestões para começar.
5. Pratique incorporar os princípios do *mindfulness* na ativação comportamental e no retreinamento de seus pensamentos. Por exemplo, leve uma consciência aumentada a suas atividades planejadas a fim de maximizar o desfrute e a sensação de conquista.

CAPÍTULO

7

Cumpra a tarefa: combata a procrastinação

Neste capítulo, vamos falar sobre por que frequentemente adiamos fazer o que sabemos que é preciso. Como veremos, há vários fatores que nos levam a procrastinar. Depois de entendermos esses fatores, vamos considerar as muitas ferramentas oferecidas pela TCC para quebrar esse hábito.

Alec sabia que precisava começar seu trabalho final, que tinha de ser entregue às cinco da tarde do dia seguinte. "Ainda tenho 24 horas", pensou consigo mesmo, olhando a pilha de livros que usaria como referência. Sentiu um aperto no estômago com uma onda de ansiedade ao pensar em como ficaria o trabalho. Nesse momento, outro vídeo tocou automaticamente em seu computador, da playlist "Dez Vídeos Mais Engraçados de Animais". "Vou assistir só a este. Talvez mais um depois", disse a si mesmo, voltando ao laptop e sentindo-se vagamente culpado, mas temporariamente aliviado.

Você tem um problema de procrastinação?

As pessoas variam na tendência de procrastinar e nas tarefas específicas que adiam. Tire um tempo para considerar de que formas você talvez atrase fazer coisas que sabe que tem de fazer. Você se vê em alguma das seguintes situações regularmente por causa da procrastinação?

- Perceber que não deixou tempo suficiente para finalizar uma tarefa no prazo.
- Sentir-se mal preparado para reuniões.
- Tentar se forçar a fazer uma tarefa.
- Ficar estressado com o tempo enquanto corre para compromissos.
- Tentar esconder que não está trabalhando numa tarefa.
- Produzir trabalho de qualidade inferior àquela de que você é capaz.
- Dizer a si mesmo: "Cuido disso depois".

82 Terapia cognitivo-comportamental

- Esperar para se sentir mais inspirado ou motivado para poder fazer uma tarefa.
- Encontrar formas de gastar tempo, em vez de fazer o que precisa.
- Depender da pressão de última hora para completar uma tarefa.

Vamos começar a considerar por que procrastinamos e, então, nos voltar a formas de superar isso.

O que motiva a procrastinação?

Todos já passamos por isso: um artigo para escrever, um problema para resolver na rua, um projeto doméstico para começar ou uma série de outras tarefas que adiamos. Esses atrasos parecem trazer pouca coisa de bom – por exemplo, a procrastinação é associada a um pior desempenho acadêmico e a mais doenças. Mesmo assim, muitas vezes temos dificuldade de cuidar das coisas no tempo certo. Os seguintes fatores contribuem com nossa tendência de procrastinar:

Medo de que vá ser desagradável. Quando pensamos sobre fazer uma tarefa, nossa mente muitas vezes vai automaticamente às partes mais desagradáveis dela. Se imaginamos limpar as calhas, pensamos em brigar com a escada. Quando consideramos escrever um artigo, nos apegamos à luta que será, às vezes, expressar claramente nossas ideias. Quanto mais imaginamos esses aspectos negativos, menos incentivo temos para começar.

Medo de não fazer um bom trabalho. Raramente temos certeza de como algo em que trabalhamos vai ficar, e essa incerteza pode trazer o medo de fazer aquilo mal. Por exemplo, quando Alec pensou em escrever seu trabalho, ficou preocupado em não ter nada inteligente a dizer. Esse medo de possivelmente causar decepção a nós mesmos ou aos outros pode nos impedir de começar.

Pensamentos lenientes. Às vezes, dizemos a nós mesmos que merecemos uma folga ou nos convencemos de que vamos trabalhar melhor em algum momento do futuro. De uma forma ou de outra, justificamos nossa procrastinação. Há vezes em que esses tipos de pensamentos fazem sentido – por exemplo, ocasionalmente, dar uma parada é mesmo o melhor caminho para nós. Mas, com frequência, essas autoafirmações motivam hábitos prejudiciais de evitamento.

Reforço negativo. Cada vez que adiamos uma tarefa que achamos que será desagradável, experimentamos uma sensação de alívio. O cérebro interpreta esse alívio como uma recompensa, e temos mais probabilidade de repetir uma ação que leva a uma recompensa. Dessa forma, nossa procrastinação é reforçada. Psicólogos chamam isso de "reforço negativo" porque ele se dá por meio da *retirada* de algo visto como aversivo. Em contraste, o reforço positivo ocorre quando *receber* algo de que gostamos fortalece um comportamento – por exemplo, receber um pagamento reforça o comportamento de fazer nosso trabalho. Pode ser muito difícil superar o reforço negativo de evitar uma tarefa.

Há alguma tarefa que você está planejando fazer e fica deixando para depois ou que rotineiramente adia? Quais desses fatores se aplicam a suas próprias tendências procrastinadoras? Em seu caderno ou diário, escreva de que maneiras você tem procrastinado e o que parece motivá-las.

Procrastinar sempre é ruim?

Alguns pesquisadores têm sugerido que os benefícios da procrastinação não devem ser ignorados. Por exemplo, procrastinar nos dá mais tempo para criar soluções e também pode nos permitir canalizar a pressão de um prazo final para energizar nossos esforços. O professor de administração Adam Grant citou os benefícios da procrastinação para a criatividade em seu livro *Originais: como os inconformistas mudam o mundo*. Segundo o dr. Grant, nossas ideias iniciais tendem a ser mais tradicionais. Dar-nos tempo extra pode levar a soluções mais inovadoras, às quais nunca chegaríamos se finalizássemos a tarefa o mais rápido possível. Essas vantagens potenciais precisam ser pesadas contra outros fatores ligados à procrastinação, como estresse, prazos perdidos e trabalho de pior qualidade.

Estratégias para vencer a procrastinação

Compreender o que causa a procrastinação nos dá pistas de como nos livrarmos dela. Como há múltiplos fatores que levam à procrastinação, precisamos de uma gama ampla de ferramentas para superá-la. Essas ferramentas podem ser divididas em três áreas:

- **Pensar** (cognitivo).
- **Agir** (comportamental).
- **Ser** (*mindfulness*).

Com o tempo, você encontrará um conjunto de estratégias desses três campos que funcione bem para você.

Algumas doenças podem fazer com que a procrastinação seja especialmente provável. A depressão suga nossa energia e motivação, tornando difícil cuidar das coisas. Indivíduos com TDAH têm problemas em cumprir prazos em razão da dificuldade de focar uma tarefa e da baixa motivação para completá-la. Transtornos de ansiedade também podem levar à procrastinação – por exemplo, alguém talvez adie escrever um e-mail por medo de dizer algo estúpido. Embora as estratégias apresentadas neste capítulo possam ser úteis a todos, tome cuidado ao lidar com um diagnóstico subjacente que possa estar motivando a procrastinação.

Pensar: estratégias cognitivas

Muito de nossa procrastinação vem de como pensamos sobre a tarefa e sobre nossa disposição e habilidade de finalizá-la. Mudanças estratégicas em nosso pensamento podem enfraquecer a força da procrastinação. Veja os Capítulos 4 e 5 para mais detalhes sobre como reagir a pensamentos prejudiciais.

Note pensamentos lenientes que manipulam a verdade

Tome cuidado com as coisas que diz a si mesmo para justificar a procrastinação ou que minimizam a quantidade de tempo que realmente passaremos fazendo algo que não a tarefa (por exemplo, "vou só assistir a um vídeo antes"). Quando detectamos esses pensamentos, podemos tratá-los como trataríamos qualquer outro pensamento automático prejudicial (ver Capítulo 4).

Lembre-se de por que não quer procrastinar

Adiar as coisas pode não só levar a atrasos ou à produção de trabalho de má qualidade, mas também confere a nosso tempo de lazer sensações de angústia e culpa sobre a tarefa que não estamos fazendo. Lembre-se dessas consequências negativas quando precisar de motivação para começar.

Cuidado com o "evitamento virtuoso"

Quando estamos motivados a evitar uma tarefa, podemos achar outras formas de nos sentir produtivos – organizar nosso armário, ajudar um amigo, fazer trabalhos burocráticos –, o que pode nos dar a sensação de que "pelo menos estamos fazendo coisas importantes". Essa crença nos oferece uma racionalização convincente que facilita a procrastinação.

Decida começar

Frequentemente adiamos fazer algo por não termos bem certeza de como fazê--lo. Por exemplo, podemos não escrever um *e-mail* difícil de trabalho porque não sabemos o que vamos dizer. Na verdade, descobrir como fazer é parte da tarefa. Lembre-se de que você vai achar uma forma quando resolver começar.

Reconheça que você provavelmente também não vai querer fazer aquilo mais tarde

Podemos supor que vamos fazer uma tarefa quando estivermos a fim. A verdade, porém, é que mais tarde provavelmente não vamos ter mais vontade de fazê-la do que temos agora. Podemos parar de esperar por um momento mágico no futuro em que a tarefa deixará de exigir esforço.

Desafie as crenças sobre ter de fazer algo de forma "perfeita"

Muitas vezes, adiamos começar uma tarefa porque colocamos padrões altos e irreais de quão bem precisamos fazê-la. Tenha em mente que não precisa ficar perfeito, só precisa ser feito.

Escolha as estratégias de Pensar que façam sentido para você e escreva-as em seu caderno para praticar quando necessário.

Ser pontual

Chegar atrasado reflete um tipo específico de procrastinação, nomeadamente uma demora em nos mover de um lugar a outro dentro de determinado prazo. Siga estes princípios se quiser melhorar sua pontualidade:

Seja realista sobre o tempo necessário. Cronometre quanto tempo leva para de fato chegar a seu destino. Certifique-se de considerar o tempo de acontecimentos secundários como se despedir de sua família e coloque uma folga para o inesperado (por exemplo, trânsito), de modo a não subestimar o tempo de fato exigido.

Conte de trás para a frente a partir de quando precisa chegar. Calcule quando precisa sair com base em quanto tempo leva para chegar a seu destino. Por exemplo, se você precisa chegar às 18h e leva 45 minutos (incluindo sua folga), planeje sair no máximo às 17h15.

Coloque um alarme (com tempo suficiente para não se atrasar). Evite perder a noção do tempo colocando um lembrete, o que também pode ajudá-lo a relaxar, já que você sabe que vai ser alertado quando for hora de ir.

Tome cuidado com a prática de adiantar o alarme ou relógio para ajudá--lo a chegar no horário. Essa estratégia muitas vezes sai pela culatra porque sabemos que nosso relógio está adiantado e podemos acabar ignorando-o totalmente.

Evite começar uma atividade perto da hora de sair. Cuidado com tentar encaixar mais uma atividade antes de sair para seu destino, mesmo achando que vai levar "só um minuto". Há uma boa chance de que leve mais tempo do que você tem e acabe lhe atrasando.

Leve coisas para fazer caso chegue adiantado. Se você tem medo de chegar adiantado e perder tempo sem nada para fazer, leve um livro ou alguma outra forma agradável ou produtiva de passar o tempo caso chegue adiantado.

Combine essas estratégias com outros princípios da TCC deste capítulo para maximizar suas chances de ser pontual. Por exemplo, use a técnica cognitiva de lembrar a si mesmo como é melhor ver seu GPS estimando que você chegará cinco minutos adiantado em vez de cinco minutos atrasado.

Agir: estratégias comportamentais

Quanto mais confiamos na pura força de vontade para superar a procrastinação, menos probabilidade temos de nos livrarmos dela. Em vez de tentar sair dela à força, podemos encontrar alavancas maiores para superar o evitamento. Algumas mudanças simples em nossas ações podem melhorar muito nossas chances de sermos produtivos.

Use lembretes externos

Podemos elevar nossa probabilidade de começar uma tarefa tornando mais difícil ignorá-la. Coloque um alarme, faça um bilhete para si mesmo, escreva seu objetivo num quadro branco ou coloque coisas em lugares que lhe lembrarão do que precisa fazer. Se não conseguir realizar imediatamente, certifique-se de colocar outro lembrete.

Crie uma zona livre de distrações

É mais difícil procrastinar quando as coisas que nos fazem desperdiçar tempo não estão disponíveis. Feche seu navegador de internet se possível, silencie ou afaste seu telefone e remova qualquer outra possível distração. É fácil demais recorrer a essas coisas por hábito quando nos sentimos ansiosos (ou desconfortáveis de alguma forma) com uma tarefa.

Use um calendário

Quanto mais específicos somos sobre nossos planos, mais probabilidade temos de cumpri-los. Coloque em seu calendário qualquer tarefa que pretenda

CAPÍTULO 7 | Cumpra a tarefa: combata a procrastinação **87**

fazer e faça o que puder para proteger aquele tempo. Se precisar adiar a tarefa, remarque-a para o mais breve possível.

Quebre uma tarefa grande em subtarefas administráveis

Como discutido no Capítulo 3, quebrar tarefas avassaladoras pode tornar muito mais fácil começar. Faça com que os passos sejam tão pequenos quanto necessário para parecerem possíveis. Dê a cada subtarefa seu próprio miniprazo, para saber que está no caminho certo.

Simplesmente comece

Ver uma tarefa inteira à nossa frente pode ser intimidante. Resolva simplesmente começá-la e trabalhar nela por um curto período de tempo. Por exemplo, talvez você leve cinco minutos para rascunhar um *e-mail* que precisa escrever. Há uma chance de até continuar trabalhando após atingir seu modesto objetivo.

Finalize uma tarefa, mesmo se for difícil

Na outra ponta do projeto, siga em frente quando a linha de chegada estiver visível. Você pode aproveitar o impulso e terminar a tarefa, em vez de precisar superar a inércia depois que tiver esfriado quando, mais tarde, retomar o trabalho.

Comprometa-se a começar uma tarefa de forma imperfeita

A procrastinação muitas vezes vem do perfeccionismo, que pode ser paralisante porque não temos como ser perfeitos. O antídoto a isso é abraçar a imperfeição – por exemplo, podemos decidir escrever um parágrafo de abertura imperfeito. Esse compromisso pode nos ajudar a começar, o que nos dá um impulso valioso.

Trabalhe ao lado de outras pessoas que estão trabalhando

Use a pressão social positiva de estar ao redor de pessoas trabalhando para estimular-se a fazer o mesmo. Ficamos menos inclinados à preguiça quando aqueles ao nosso redor estão focados em suas tarefas.

Use sessões de trabalho mais curtas e sem interrupções

É mais fácil começar uma tarefa se soubermos que trabalharemos nela por um período limitado de tempo. Considere testar a técnica Pomodoro, criada pelo desenvolvedor de software Francesco Cirillo, na qual trabalha-se de modo muito focado durante intervalos de 25 minutos, com folgas curtas entre eles. Há muitos aplicativos que facilitam o uso dessa abordagem, embora, claro, você só precise de um cronômetro. Eu, aliás, uso-a sempre que estou escrevendo.

Descubra como fazer as coisas

Se você perceber que a falta de conhecimento está alimentando sua procrastinação, adicione o aprendizado de que precisa como subtarefa daquilo em que você está trabalhando. Por exemplo, se não tem certeza de como criar um tipo específico de planilha, planeje assistir a um tutorial *on-line* sobre o assunto.

Dê a si mesmo pequenas recompensas

Use o reforço positivo para superar o reforço negativo da procrastinação. Pesquisas mostram que mesmo que não mudemos mais nada, nos dar incentivos para trabalhar muda significativamente nosso comportamento. Você pode se dar uma folga de 15 minutos para fazer o que quiser depois de trabalhar por 50 minutos ou comer algo gostoso a cada cinco páginas lidas. Só tome cuidado para as recompensas não o impedirem de voltar à tarefa, como aconteceria com um jogo eletrônico viciante, por exemplo.

Registre seu progresso

Uma forma simples de nos recompensar é observar nosso progresso em direção a um objetivo. Por exemplo, Alec poderia ter feito um rascunho de seu trabalho e riscado cada seção que completasse. A satisfação de ver seu progresso alimentaria sua motivação de ir em frente.

Ser: estratégias de *mindfulness*

O terceiro pilar da TCC oferece várias estratégias para superar a procrastinação, usando os princípios da presença e da aceitação.

Aceite o desconforto

Frequentemente, tratamos o desconforto como motivo para adiar algo. Mas talvez não seja tão ruim estar desconfortável a serviço de algo com que nos importamos mais do que com nosso próprio conforto. Se estivermos dispostos a nos abrir ao desconforto, podemos passar por ele conforme começamos nossa tarefa.

Venha para o presente

A procrastinação muitas vezes é baseada no medo de não se sair bem, que é orientado para o futuro. Quando focamos nossa atenção no presente, podemos abrir mão de preocupações com desempenho e dirigir nossa energia para qualquer tarefa em que estejamos trabalhando.

Volte a seu foco pretendido

A meditação ensina nossa mente a voltar a seu foco pretendido ao percebermos que nos distraímos. Esse mesmo princípio se aplica a nosso trabalho – se começamos a deslizar para a procrastinação, podemos perceber e voltar àquilo em que estávamos trabalhando.

Note e reconheça como você trabalha melhor

Prestar atenção ao que promove sua produtividade pode diminuir suas chances de procrastinar. Note o que de fato funciona para você, em vez do que você *gostaria* que funcionasse. Por exemplo, talvez você goste da ideia de trabalhar de casa, mas, na prática, nunca seja realmente produtivo ao fazer isso.

Acabando com a procrastinação na internet

Já era difícil superar a procrastinação antes de haver a internet. Como diz o psicólogo e especialista em TDAH Ari Tuckman: "A internet continua para sempre, com links levando a mais links". Ele sugere as seguintes maneiras de evitar que o tempo *on-line* distraia você:

Aceite que você provavelmente sempre vai querer ver mais uma coisa. O conteúdo na internet é desenhado intencionalmente para nos manter clicando, assistindo e lendo, então, é fácil passar mais tempo nela do que o pretendido. Sempre haverá mais um artigo a ler, mais um vídeo a assistir ou post de mídia social a ver. Lembre-se de que você precisará se afastar em algum momento, e quanto mais cedo, melhor.

Trabalho antes do entretenimento. Se você trabalha no computador, faça seu trabalho antes de coisas como redes sociais. Senão, arrisca-se a passar todo o seu tempo em atividades desnecessárias.

Coloque um alarme para interromper a absorção pela internet. Como em outros contextos, aqui, um cronômetro tem duas vantagens: lembrar-lhe de voltar ao trabalho e permitir-lhe desfrutar de seu tempo de folga, por saber que ele é finito.

Não comece a usar a internet se não tiver tempo. É mais difícil parar o tempo *on-line* do que evitá-lo completamente, então, se seu tempo for curto, melhor nem começar.

Como fazer sua lista de tarefas funcionar para você

Há formas mais e menos eficazes de usar listas de tarefas. Considere estas diretrizes do psicólogo Ari Tuckman para maximizar a utilidade delas:

1. **Tenha uma lista única.** Listas múltiplas são redundantes e confusas. Crie uma única lista-mestre e dê-lhe um lugar de importância (por exemplo, um caderno especial).
2. **Use-a de forma consistente.** Uma lista só é útil se a consultarmos sempre que necessário.
3. **Coloque itens em seu calendário com horários específicos.** Não trabalhe diretamente na lista. Temos muito mais probabilidade de fazer algo se dedicarmos espaço para isso em nossa agenda.
4. **Remova itens que nunca vai fazer.** Se, realisticamente, você nunca vai fazer algo, essa coisa não deve estar em sua lista de tarefas. Economize sua energia mental e culpa deletando essas coisas, e desentulhe sua lista.
5. **Atualize sua lista com regularidade.** Reescreva-a para mantê-la organizada depois de riscar e adicionar itens a ela. O tempo que você levar para atualizá-la vai recompensá-lo com uma maior eficiência.
6. **Priorize itens na lista.** Ao indicar quais itens têm alta prioridade, você pode certificar-se de que vai fazê-los primeiro e relaxar sobre não cuidar dos itens de menor prioridade imediatamente.

Pronto para fazer sua própria lista de tarefas usando esses princípios? Você pode usar o modelo abaixo para escrever atividades que precisa completar, incluindo seus prazos finais. Depois, dê a cada tarefa um nível de prioridade (por exemplo, baixa/média/alta ou 0-10). Por fim, agende um horário em seu calendário para completar cada atividade.

Prioridade	Tarefas	Prazo

Resumo do capítulo e lição de casa

Neste capítulo, analisamos por que procrastinamos, o que geralmente tem a ver com medo de fazer algo mal ou achá-lo desagradável. Reforço negativo e pensamentos desajustados também nos levam a adiar nossas tarefas. O modelo Pensar, Agir, Ser apresenta muitas estratégias para acabar com a procrastinação. Sozinhas, cada uma dessas estratégias pode ter um efeito pequeno. Por exemplo, pesquisas mostraram que, por si só, nos recompensar pela produtividade só traz uma vantagem pequena. Combinando essas abordagens, aumentamos nossas chances de sucesso. Será necessário o método de tentativa e erro para descobrir o que funciona melhor para você. Com a prática, podemos desenvolver novos hábitos para substituir os que promovem procrastinação. Se estiver determinado a superar esse problema de procrastinação, aqui está um plano para começar:

1. Considere cuidadosamente como a procrastinação está afetando sua vida.
2. Identifique uma tarefa que está planejando fazer ou que costuma ter dificuldade para realizar rapidamente e na qual pretende trabalhar esta semana.
3. Escolha uma ou duas estratégias de cada área (Pensar, Agir, Ser) para lhe ajudar a cumprir sua tarefa. Cuidado para não escolher tantas estratégias a ponto de isso se tornar incontrolável e contraproducente.
4. Registre seu progresso e o que é útil.
5. Use técnicas adicionais conforme necessário.
6. Mantenha uma lista de técnicas às quais recorrer quando preciso.
7. Aplique o que funcionar para você a outras áreas em que tende a procrastinar.

E, caso não seja óbvio, desfrute do maior sucesso e menos estresse decorrentes de finalizar as coisas em tempo! Parabenize-se cada vez que cumprir um prazo e note como fica mais relaxado quando não tem de se preocupar com trabalhos não finalizados.

CAPÍTULO

8

Trabalhe para superar a preocupação, o medo e a ansiedade

O medo avassalador é uma das emoções mais debilitantes. Quando estamos tomados pelo medo, é difícil focar qualquer outra coisa, já que nosso sistema nervoso está em alerta e nosso corpo se prepara para a ação. Neste capítulo, vamos considerar as várias manifestações do medo e as ferramentas de que você precisará a fim de trabalhar para superá-las.

Kendra pegou-se suspirando novamente e sentiu o início de uma dor de cabeça de tensão. A manhã inteira ela tinha se preocupado com a cirurgia de sua mãe e pensado em checar seu celular mais uma vez para ver se seu pai havia ligado com notícias. E se a biópsia revelasse que a mãe tinha câncer? Ela se assustou um segundo depois quando o telefone tocou, se atrapalhando com o aparelho ao atender: "Pai?". Ouviu o início de uma gravação oferecendo um cartão de crédito e soltou um som exasperado ao desligar. Sentiu a cabeça começando a latejar.

Como Kendra, todos nós somos tomados pelo medo em algum momento. Podemos ter tendência a nos preocupar frequentemente com coisas que nunca acontecem ou talvez experimentemos ataques de pânico ao falar em público. Vamos considerar o entendimento da TCC sobre essas experiências.

Uma nota sobre terminologia

Psicólogos muitas vezes fazem distinção entre palavras ligadas à sensação de medo:

- **Medo** acontece na presença de algo que *assusta* a pessoa.
- Por outro lado, **ansiedade** envolve uma *ameaça imaginada* que pode ou não se materializar.

- **Preocupação** é um tipo específico de ansiedade na qual repetidamente pensamos sobre resultados temidos em situações que envolvem *incerteza*.

Por exemplo, diríamos que Peter *se preocupava* em encontrar um cachorro em sua caminhada ao trabalho, sentiu-se *ansioso* ao avistar um cachorro do outro lado da rua e experimentou *medo* intenso quando um cachorro grande correu em sua direção no parque.

Nosso uso diário dessas palavras não é tão preciso, e neste capítulo vou aderir mais aos usos comuns desses termos.

O que é ansiedade?

Embora ansiedade demais possa ser debilitante, ansiedade de menos também não é bom. Precisamos de certa quantidade de ansiedade para nos motivar a cuidar das coisas que nos importam.

Peter estava deitado na cama, debatendo se iria apertar o botão soneca mais uma vez. Verificou o relógio – 6h09 da manhã. O trem saía em uma hora. Peter imaginou as consequências de ter de tomar um trem mais tarde, o que significaria chegar atrasado à sua primeira reunião do dia. Seu chefe definitivamente não gostaria disso. Peter suspirou, desligou o alarme e se arrastou para fora da cama.

Peter estava experimentando a quantidade certa de ansiedade: o suficiente para fazê-lo levantar e sair da cama na hora, sem se sentir assoberbado ou ter seu desempenho afetado. Como Peter, temos a habilidade de imaginar resultados futuros que dependem de nossas ações. Seja no trabalho, num primeiro encontro, numa entrevista de emprego, num evento competitivo ou em qualquer outra coisa, sabemos que nossas ações afetam o que acontece. Isso cria um estado intensificado de energia e motivação para darmos nosso melhor. Lembre-se, do Capítulo 1, que a TCC trata das conexões entre pensamentos, sentimentos e comportamentos. Com a ansiedade, os pensamentos ficam focados na ameaça, os sentimentos incluem nervosismo e medo, e os comportamentos incluem esforços para evitar os resultados temidos.

As experiências de Kendra com ansiedade enquanto esperava notícias de sua mãe eram assim:

As preocupações de Kendra com a saúde de sua mãe alimentam sua ansiedade e tensão, que por sua vez lhe causam mais pensamentos de preocupação. Da mesma forma, seus sentimentos e comportamentos interagem e se reforçam, criando um estado tenso de apreensão ansiosa.

A ansiedade de Kendra se manifestou como preocupação intensa, mas há muitas formas de a ansiedade aparecer em nossa vida.

O nível ideal de ansiedade

Há mais de cem anos, os pesquisadores Robert Yerkes e John Dodson, que faziam experimentos com animais, deram uma demonstração clara da ligação entre emoção e motivação. Eles testaram quão rapidamente ratos aprendiam uma tarefa laboratorial. Uma resposta errada resultava em um choque de gravidade variada. Os resultados mostraram que os níveis menores de choque levaram a aprendizados relativamente lentos, já que os ratos não pareciam suficientemente motivados pela punição leve. Os níveis mais altos de choque, de forma similar, produziram aprendizado lento, pois os ratos pareciam ter atingido um estado aumentado de excitação que interferia com o aprendizado.

CAPÍTULO 8 | Trabalhe para superar a preocupação, o medo e a ansiedade **95**

Psicólogos chamam esse padrão de "U invertido", em razão da forma que aparece quando os dados são colocados em um gráfico.

Humanos mostram o mesmo padrão de U invertido em função de sua ansiedade; pouca ansiedade ou ansiedade demais prejudicam nosso desempenho, e quantidades moderadas maximizam nosso sucesso. Por exemplo, quantidades moderadas de estimulantes como cafeína podem aumentar nossa energia e nosso foco, enquanto quantidades maiores nos deixam trêmulos e superestimulados.

As muitas faces do medo

Transtornos de ansiedade são os diagnósticos psiquiátricos mais comuns, englobando uma ampla gama de doenças. Em sua revisão mais recente, os criadores do *Manual Diagnóstico e Estatístico de Transtornos Mentais*, quinta edição (DSM-5), removeram o transtorno obsessivo-compulsivo (TOC) e o transtorno do estresse pós-traumático (TEPT) da lista de transtornos de ansiedade, colocando cada um numa categoria própria. Houve várias razões para essas mudanças, mas continua sendo amplamente aceito que essas duas doenças podem incluir uma forte dose de ansiedade. TEPT e TOC também reagem a abordagens de tratamento similares às dos outros transtornos de ansiedade, razão pela qual estão incluídos neste capítulo.

Fobia específica

Medo excessivo de certos estímulos pode indicar uma fobia específica. A pessoa pode perceber que seus medos são exagerados, mas isso não torna mais fácil se ver livre deles. Evitar o objeto ou situação temida é muito comum.

Tudo pode se tornar objeto de medo, mas algumas coisas são mais típicas. Entre elas:

- **Certas situações** (por exemplo, andar de elevador, voar de avião).
- **Fenômenos naturais** (por exemplo, tempestades, altura).
- **Animais** (por exemplo, aranhas, cobras).
- **Ferimentos relacionados a sangue ou agulhas** (por exemplo, doar sangue, tomar injeção).

Transtorno de ansiedade social

É normal sentir uma quantidade moderada de ansiedade em situações sociais, especialmente quando estamos nos apresentando ou sendo avaliados. Ansiedade social pode ser um transtorno quando é tão forte que causa um estresse enorme ou leva a evitar situações que o desencadeariam. Situações tipicamente temidas incluem:

- Dar uma palestra ou fazer uma apresentação.
- Falar num grupo de pessoas.
- Comer na frente dos outros.
- Ir a uma festa.
- Estar no centro das atenções.
- Discordar de alguém.
- Conhecer novas pessoas.

Em cada uma dessas situações, a pessoa fica com medo de fazer algo vergonhoso ou de os outros pensarem mal dela. Parte do que pode fazer a ansiedade social persistir é que é difícil provar que os medos são infundados. Como saber, por exemplo, que as pessoas não odiaram nosso discurso num casamento, mesmo que elas façam o que é socialmente esperado e nos digam que foi ótimo? A incerteza inerente a situações sociais pode perpetuar nossos medos.

Síndrome do pânico

Um ataque de pânico é um episódio distinto de ansiedade intensa, em geral acompanhado de sintomas físicos como suor, coração acelerado e falta de ar. O pânico frequentemente envolve alterações em nosso senso de realidade, por exemplo, sentir que as coisas não são reais (desrealização) ou sentir-nos dissociados de nossa experiência (despersonalização).

A maioria das pessoas terá pelo menos um ataque de pânico em sua vida. Ele se torna uma síndrome quando leva ao medo de que algo terrível vá acontecer (por exemplo, "estou tendo um AVC") ou quando há um pavor intenso do próximo ataque.

Ataques de pânico são tão aversivos que as pessoas acometidas pela síndrome do pânico muitas vezes começam a evitar qualquer situação em que eles possam acontecer, em especial em locais de difícil saída. Situações comuns que as pessoas evitam incluem pontes, cinemas (especialmente sentar-se no meio de uma fileira) e trens. Esse tipo de evitamento pode acarretar um diagnóstico adicional de agorafobia.

"Parte de ser humano é administrar o equilíbrio entre antecipar o futuro e aceitar sua incerteza. Preocupação é um sinal de que o equilíbrio foi perturbado." — Susan M. Orsillo e Lizabeth Roemer, The Mindful Way through Anxiety (Atravessar a ansiedade com o mindfulness)

Transtorno de ansiedade generalizada (TAG)

Enquanto a síndrome do pânico representa a sensação de perigo imediato, o TAG envolve uma ansiedade mais difusa sobre acontecimentos futuros. O centro do TAG é a preocupação contínua com uma ampla gama de coisas (como sugere a palavra "generalizada"). Um conhecido meu comparou o TAG ao estresse da semana de provas finais, mas aplicado a todas as situações da vida. A preocupação excessiva e incontrolável do TAG leva a sintomas como dificuldade de se concentrar e de dormir, tensão muscular e inquietude.

Transtorno do estresse pós-traumático (TEPT)

Ansiedade é uma reação compreensível quando passamos por um acontecimento traumático terrível. Qualquer coisa que apresente uma ameaça a nosso bem-estar físico pode levar ao TEPT, incluindo desastres naturais, acidentes de carro, assaltos, abusos sexuais e guerras, entre outras. Testemunhar algo horrível que esteja acontecendo a outra pessoa ou ficar sabendo de um trauma experimentado por alguém próximo a nós também pode levar ao TEPT.

Depois de passar por um trauma terrível, a maioria das pessoas terá sintomas como:

1. **Reimaginar e reexperimentar.** Inclui memórias intrusivas, pesadelos e reações emocionais fortes quando lembrado do acontecimento.
2. **Evitamento.** Inclui tentar não pensar sobre o trauma, além de evitar pessoas, lugares e coisas que lembram o que aconteceu.
3. **Mudanças no pensamento e no humor.** Por exemplo, podemos começar a ver o mundo como um lugar muito perigoso e nós mesmos como incapazes de lidar com ele. Também podemos ter dificuldade de confiar nos outros e, paradoxalmente, começar a nos engajar em comportamentos arriscados. Também ficamos menos propensos a sentir emoções positivas e mais propensos a sentir emoções negativas.

4. **Hiperexcitação.** Significa que nosso sistema nervoso está em alerta máximo. Podemos ter dificuldade de dormir e nos concentrar, além de verificar o tempo todo se há algum perigo nos arredores.

Essas reações são muito típicas para quase todos após um trauma. Para atender aos critérios de TEPT, precisam seguir a regra mais ou menos arbitrária de durar mais de um mês.

Transtorno obsessivo-compulsivo (TOC)

Nosso cérebro é programado para detectar a possibilidade de perigo e tentar evitá-lo. Um defeito nessa função essencial pode levar ao TOC. As **obsessões** no TOC são pensamentos repetitivos sobre algo ruim que pode acontecer, como ficar doente, ofender Deus, causar um incêndio ou prejudicar alguém. Naturalmente, a pessoa quer evitar esses resultados temidos, o que leva à necessidade irresistível de neutralizar o medo obsessivo por meio das **compulsões**.

Exemplos do ciclo obsessão-compulsão incluem:

Medo de ficar doente → Lavar as mãos

Medo de atropelar um pedestre → Checar o retrovisor

Medo de ter cometido blasfêmia → Fazer uma oração ritualizada

Essas compulsões são fortalecimentos poderosos que funcionam por meio do reforço negativo discutido no Capítulo 7 (ver página 82). Ao mesmo tempo, pessoas com TOC em geral continuam se sentindo inquietas depois de realizar a compulsão, pois não há forma de ter certeza de que aquilo que temem não acontecerá. Como resultado, alguém com TOC tem propensão a repetir a compulsão e pode passar horas por dia preso no ciclo obsessão-compulsão.

Embora muitos transtornos melhorem com vários tipos de psicoterapia, o TOC exige um tratamento específico. A terapia que se saiu melhor nos testes se chama exposição e prevenção de resposta, que é um tipo de TCC. Como indica o nome, envolve se expor aos medos relacionados ao TOC e abrir mão das compulsões que mantêm o transtorno. Verifique a seção Recursos deste livro se estiver buscando tratamento eficaz para o TOC.

Outras manifestações

Mesmo que você não cumpra os critérios para nenhum desses transtornos de ansiedade do DSM-5, o medo ainda pode ter um papel prejudicial em sua vida. Por exemplo, as formas sutis e consistentes segundo as quais tomamos decisões baseadas no medo podem ter efeitos profundos em nossa vida. Além do mais, essas manifestações de medo às vezes são tão generalizadas que nem as reconhecemos. Esses são os medos que nos mantêm presos não num transtorno debilitante, mas numa vida vivida pela metade.

É possível ver esses tipos de medo agindo quando:

- Nos seguramos por medo do sucesso.
- Evitamos assumir riscos razoáveis por medo do fracasso.
- Vivemos da forma como achamos que os outros esperam, e não como queremos.
- Evitamos a vulnerabilidade que advém da intimidade verdadeira.
- Experimentamos a raiva que surge do medo (por exemplo, ficar irritado com alguém que amamos por estar atrasado porque nos preocupamos com a segurança dele).

Pare um pouco para considerar como o medo aparece em sua vida. Embora ele tenha o propósito de nos manter seguros, pode nos impedir de viver livremente e de forma plena se deixarmos que guie nossas ações.

Vamos agora ver as ferramentas que podem nos ajudar a aliviar a ansiedade.

Estratégias para superar a preocupação, o medo e a ansiedade

Há muitas ferramentas para lidar com preocupação, medo e ansiedade esmagadores, incluindo técnicas cognitivas, comportamentais e de *mindfulness*.

Pensar (cognitivo)

Quando nosso medo é ativado, é provável que tenhamos pensamentos que nos assustam ainda mais. Por exemplo, se somos tomados pelo medo num avião, podemos nos convencer de que ele vai cair, o que intensifica ainda mais nosso medo e dá continuidade ao ciclo (lembre-se do modelo de ansiedade da TCC no início deste capítulo). Desafiando nossos pensamentos ansiosos, podemos interromper esse *loop* que se retroalimenta.

Um alerta: quando ficamos sobrecarregados pela ansiedade, é difícil ou até impossível nos acalmar só com a razão. Essas técnicas tendem a ser mais eficazes antes de a ansiedade tomar conta e em combinação com técnicas comportamentais e de *mindfulness*.

A ansiedade e o cérebro

Imagine que está curtindo uma boa caminhada pela floresta quando encontra uma coisa deslizando no chão. A luz refletida no objeto vai entrar em seus olhos e cair em suas retinas, levando a sinais que viajam pela estação de retransmissão do cérebro (o tálamo) até as áreas visuais primárias localizadas na parte posterior de seu cérebro. A informação, então, é retransmitida a outras partes do cérebro, incluindo áreas de memória que identificam o objeto com o conceito "cobra".

O fato de que você está vendo uma cobra, então, é passado para outras áreas, incluindo a amígdala, que fica bem dentro do cérebro e é central para sentir e expressar medo e outras emoções. Como seu cérebro sabe que deve temer uma cobra que está perto de seu pé, mas não uma que está atrás de um vidro no zoológico? A amígdala também recebe dados do hipocampo, que é crucial para compreender o contexto. Graças a seu hipocampo, você talvez comece a sentir medo da próxima vez que caminhar na floresta, mesmo que não encontre uma cobra.

Os sinais da amígdala, então, ativam uma área do cérebro chamada hipotálamo, que ativará a reação de luta ou fuga do sistema nervoso simpático por meio da liberação de hormônios do estresse como epinefrina (adrenalina). O hipotálamo também dispara a glândula pituitária a liberar em sua corrente sanguínea hormônios que viajam para suas glândulas suprarrenais (que ficam em cima dos rins), fazendo-as liberar mais hormônios de estresse como o cortisol. Nossa existência neste planeta dependeu dessa resposta coordenada, permitindo-nos reconhecer e reagir a ameaças, como nos afastar de cobras.

Assim como é importante para nossa sobrevivência aprender a temer certos estímulos, também é adaptativo aprender quando o perigo é mínimo, para não sermos medrosos demais. Esse novo aprendizado depende de fornecer novas informações a nosso cérebro, o que o evitamento provocado pela ansiedade pode impedir. Por exemplo, se eu sempre evito cachorros porque um grande cão me derrubou quando eu era criança, nunca aprenderei que meu encontro precoce não será minha experiência típica com cachorros. Quando praticamos *mindfulness* e técnicas cognitivo-comportamentais para lidar com o medo e a ansiedade, estamos retreinando essas áreas do cérebro para alterar a reação delas às coisas que nos assustam.

Lembre-se de que a ansiedade não é perigosa. Muitas vezes, passamos a temer a própria ansiedade, acreditando que é perigoso ficar ansioso demais. Porém, por mais desconfortável que possa ser, a ansiedade em si não é prejudicial. Além do mais, o medo de ficar ansioso só leva a mais ansiedade. Tenha em mente que, mesmo numa crise grave, os sintomas físicos, mentais e emocionais não o machucarão.

Reavalie a probabilidade do perigo. Nosso medo nos convence de que aquilo de que temos medo vai mesmo acontecer. Mas tenha em mente que os transtornos de ansiedade, por definição, envolvem medos irreais em relação ao risco verdadeiro, de maneira que a probabilidade de eles acontecerem é muito baixa. Se seu medo está lhe dizendo que algo muito ruim provavelmente vai acontecer, você pode usar o formulário de Crença Central do Capítulo 5 (ver página 63) para testar essa crença. Quão forte são as evidências a favor disso? Há alguma evidência contra? Já aconteceu antes? Se sim, com que frequência? Se descobrir erros em seu pensamento, reavalie à luz das evidências a probabilidade de que, de fato, aconteça aquilo que você teme.

Reavalie a gravidade da ameaça. Às vezes, o erro de pensamento que cometemos não tem a ver com quanto um resultado negativo é *provável*, mas com quão *ruim* seria. Por exemplo, Joe pensava que seria terrível se as pessoas soubessem que ele estava ansioso ao dar uma palestra. Ao examinar esse pensamento, percebeu que as pessoas talvez realmente soubessem que ele estava ansioso por causa do tremor em sua voz ou em suas mãos, mas notou que provavelmente não seria um grande problema. Afinal, ele já tinha visto palestrantes que pareciam nervosos, e a ansiedade deles não havia prejudicado a percepção de Joe da pessoa ou da qualidade do discurso.

Por que se preocupar? A preocupação é um hábito difícil de quebrar, em especial porque frequentemente acreditamos que *devemos* nos preocupar. Podemos nos dizer que nos preocupar:

- Ajuda-nos a pensar em soluções para um problema.
- Impede-nos de ser pegos de surpresa por más notícias.
- Mostra que nos importamos.
- Pode ajudar a fazer as coisas saírem bem.
- Ajuda a motivar-nos.

Essas crenças em geral são falsas. Por exemplo, não podemos evitar a possível dor imaginando o pior cenário, que seria igualmente desolador se de fato acontecesse – além disso, sentimos estresse inútil por inúmeras preocupações que nunca se materializam. Quando vemos a inutilidade da preocupação, temos mais chances de redirecionar nossos pensamentos.

Teste suas previsões. Essa técnica está no cruzamento entre as abordagens cognitivas e comportamentais. Quando identificar um medo sobre como será uma situação específica, você pode criar uma maneira de verificar se sua previsão estava certa.

> *Lily sofria com muita ansiedade social no trabalho. Estava convencida de que, caso se posicionasse numa reunião, seus colegas ignorariam suas ideias e provavelmente até as criticariam. Ela escreveu esse e outros resultados esperados antes de uma reunião e, então, se arriscou e deu suas opiniões. Embora as pessoas tenham parecido um pouco surpresas ao ouvi-la, ninguém criticou suas ideias. Aliás, sua supervisora pediu-lhe que liderasse um subgrupo para desenvolver as propostas. Depois da reunião, Lily escreveu o resultado real versus sua previsão.*

Como vimos no Capítulo 5, nossas crenças centrais podem distorcer nossas memórias, que, por sua vez, reforçam nossas crenças. É importante registrar quando nossas previsões se mostram falsas, para nos ajudar a codificar e lembrar informações contrárias a nossas expectativas. Testar nossas previsões está intimamente ligado à exposição, que exploraremos mais adiante neste capítulo.

Agir (comportamental)

Quando mudamos a forma de reagir a situações que nos deixam ansiosos, podemos aprender novos comportamentos que diminuem nosso medo. Vamos rever algumas estratégias para usar nossas ações a fim de combater a ansiedade.

Aborde o que teme. Enfrentar nossos medos diretamente é o que se chama na TCC de "terapia de exposição" e é o antídoto para o evitamento que mantém a ansiedade. (Supondo, é claro, que o que tememos não seja de fato muito arriscado; enfrentar um cachorro que morde não vai resolver nossa fobia de animais, por exemplo.) A exposição às coisas que nos assustam diminui nossa ansiedade, pois:

- Permite que nosso sistema nervoso aprenda que o perigo é exagerado.
- Dá-nos confiança de poder enfrentar nossos medos sem ficarmos assoberbados.
- Reforça nossa consciência de que a ansiedade não é perigosa.

Centenas de estudos mostraram que exposição é uma arma poderosa contra a ansiedade exagerada; mais adiante neste capítulo vamos passar por um plano passo a passo para implementar a exposição.

Enfrente suas manifestações físicas de medo. Ansiedade sobre nossa ansiedade pode ser um desafio extra. A síndrome do pânico, em particular, pode trazer um medo das sensações físicas relacionadas à crise. Por exemplo, alguém pode evitar correr porque a falta de ar e a taquicardia resultantes são similares às sensações durante o pânico. Evitar sensações físicas só fortalece nosso medo e nos torna mais sensíveis às sensações. A terapia de exposição pode diminuir nosso medo dos sintomas físicos da ansiedade. Por exemplo, podemos fazer polichinelos para provocar uma falta de ar, girar numa cadeira para induzir a tontura ou usar roupas quentes para suar. Fazer esse tipo de coisa repetidamente alivia nosso medo das sensações físicas.

Desapegue de comportamentos de segurança. Quando temos de fazer algo que nos apavora, muitas vezes incorporamos comportamentos voltados a evitar o que tememos que aconteça. Por exemplo, se temos medo de esquecer o texto durante uma palestra, podemos escrever e ler toda a nossa apresentação. Outros exemplos incluem:

- Colocar as mãos no bolso em situações sociais caso elas tremam.
- Ter cuidado demais para não ofender ninguém.
- Viajar com companhia só por causa da ansiedade.
- Revisar três vezes um *e-mail* antes de enviá-lo.

Há dois problemas principais com comportamentos de segurança. Primeiro, nos ensinam que, *se não fosse o comportamento de segurança, as coisas teriam saído muito mal,* perpetuando, assim, os comportamentos e nossos medos. Segundo, podem acabar prejudicando nosso desempenho, como quando um palestrante capaz não para de olhar suas notas, o que o impede de envolver-se com a plateia.

Na verdade, muitos de nossos comportamentos de segurança são inúteis, mas nunca percebemos isso se sempre os usarmos (como uma prática supersticiosa que temos medo de largar). Podemos combinar testar nossas previsões com desapegar de comportamentos de segurança para testar diretamente se eles são necessários.

Ser (*mindfulness*)

O *mindfulness* oferece algumas formas de lidar com nossos medos, tanto pelo foco no presente quanto pelos componentes de aceitação da prática. Se ainda não leu o Capítulo 6, encorajo você a fazê-lo antes de seguir com esta seção.

Treine a respiração. Nossa respiração está intimamente conectada com nossa ansiedade: lenta e regular quando estamos tranquilos e rápida e irregular quando estamos com medo. Você pode sentir o contraste agora mesmo inspirando e expirando várias vezes rápida e profundamente. Note como se sente. Depois, inspire de forma lenta e expire ainda mais lentamente. Sente a diferença? Quando estamos ansiosos, muitas vezes nem percebemos que nossa respiração está espelhando nossa ansiedade. Quando nos tornamos mais conscientes da qualidade de nossa respiração, podemos praticar uma respiração mais relaxada:

1. Inspire suavemente contando até dois.
2. Expire devagar contando até cinco.
3. Pause após expirar contando até três.
4. Repita desde o passo 1 por 5 a 10 minutos, uma ou duas vezes por dia.

Esses períodos de atenção focada na respiração tornarão mais fácil praticar a respiração relaxada quando você mais precisar. Ao sentir sua ansiedade começando a aumentar, pratique voltar à respiração.

Foque o presente. A ansiedade agarra nossa atenção e a puxa para o futuro. Com a prática, podemos treinar a mente a voltar ao presente. Conforme nos afastamos de medos orientados ao futuro, permitimos que o controle da ansiedade sobre nós diminua. Use seus sentidos para voltar ao momento, prestando atenção de verdade ao que vê, sente e assim por diante. Tenha em mente que não há necessidade de afastar sua ansiedade, o que, de todo modo, não funciona. Só leve sua consciência à experiência imediata e traga-a de volta sempre que ela vagar na direção de suas preocupações.

Dirija sua atenção para fora. Certos estados de ansiedade, em especial pânico, ansiedade social e ansiedade por doenças, levam a um foco em nós – nossos sintomas de ansiedade, nossa frequência cardíaca, sensações físicas preocupantes, como estamos sendo percebidos pela pessoa com quem estamos conversando e assim por diante. Essa preocupação só intensifica nossa ansiedade e nosso desconforto. O *mindfulness* oferece a possibilidade de treinar nossa atenção para o exterior, para o que está acontecendo no resto do mundo. Por exemplo, podemos notar o que as pessoas ao nosso redor estão fazendo, como está o céu neste momento ou o formato de uma árvore que vimos mil vezes, mas nunca notamos realmente. Talvez descubramos que não só interrompemos o autofoco que alimenta a ansiedade, mas também entramos numa experiência de vida mais rica.

Aceite que aquilo de que você tem medo pode acontecer. Parte do que mantém nosso medo e preocupação é a resistência mental ao que temos medo que aconteça. Não temos como saber com certeza como as coisas serão, mas ficamos tentando, de alguma maneira, controlar o resultado. Quando aceitamos que não podemos controlar o que acontece, podemos nos libertar dessa tensão. Podemos reconhecer que nossa palestra talvez seja muito ruim, que talvez fiquemos doentes, soframos um acidente e tragédias caiam sobre aqueles que amamos. Esse tipo de aceitação, em um primeiro momento, pode elevar a ansiedade – e é provavelmente por isso que a evitamos –, mas depois pode levar a uma sensação maior de paz ao abrirmos mão do controle que nunca tivemos.

Acolha a incerteza. Na mesma veia de aceitação, podemos reconhecer – e até acolher – a incerteza inerente à vida. Quem sabe de verdade como as coisas serão? Esse mistério pode ser assustador, especialmente quando preferiríamos controlar tudo em todos os momentos. Ao mesmo tempo, é libertador nos alinhar com a natureza da vida, que é fluida, surpreendente e imprevisível. Como este é o mundo em que vivemos, por que não o abraçar?

Praticando terapia de exposição

Querer enfrentar nossos medos é uma coisa; fazer isso é outra. É imensamente útil ter uma abordagem estruturada, que a TCC oferece na terapia de exposição. A exposição eficaz é:

- **Intencional**: ensinamos uma lição essencial a nosso cérebro quando abordamos nossos medos *de propósito*, em vez de simplesmente não fugir quando entramos em contato com eles por acidente.
- **Progressiva**: começamos com coisas mais fáceis e gradualmente passamos às mais desafiadoras.
- **Prolongada**: para aprender algo novo, precisamos ficar com os medos em vez de fugir.
- **Repetitiva**: confrontos múltiplos com nossos medos podem desarmá-los.
  Com esses princípios em mente, siga estes passos para superar seus medos:

1. **Crie uma lista de maneiras de enfrentar seus medos.** Inclua itens de dificuldade variada. Seja o mais criativo possível para criar uma série de situações que disparariam seu medo.
2. **Avalie quão difícil cada um seria.** Tente estimar o melhor que puder quanto estresse você sentiria em cada situação; uma escala de 0 a 10 tende a funcionar bem, mas, se preferir, use outra. Veja o exemplo a seguir.

106 Terapia cognitivo-comportamental

3. **Organize seus itens em ordem de dificuldade decrescente.** Essa lista ordenada de ideias de exposição é chamada de "hierarquia". Você pode elaborar sua hierarquia numa planilha, para que seja fácil trabalhá-la. Ao revisar sua lista, você nota alguma grande lacuna em seus números, como um salto de 2 a 7? Se sim, busque formas de modificar seus itens para torná-los mais fáceis ou difíceis, de modo a inserir itens intermediários. Por exemplo, fazer uma atividade difícil com alguém que você ama pode torná-la mais administrável e facilitar uma transição para fazê-la sozinho.

Jason estava determinado a superar seu medo de dirigir. Uma versão abreviada da hierarquia de exposição dele ficou assim:

Atividade	Nível de desconforto (0-10)
Dirigir sozinho na estrada	9
Dirigir na estrada com um amigo	7
Dirigir até o trabalho	6
Dirigir até o mercado	5
Dirigir em meu bairro	4
Sentar no banco do motorista num carro estacionado	2

4. **Planeje e complete suas exposições iniciais.** Escolha um item de sua hierarquia e agende um horário específico para fazê-lo. É melhor escolher um de dificuldade baixa a moderada – fácil o bastante para você ter sucesso e difícil o bastante para sentir-se bem por ter conseguido.
Assegure-se de seguir os quatro princípios da exposição eficaz, especialmente perseverar no desconforto. Não precisa esperar até sua ansiedade ir embora completamente, mas é bom chegar a um ponto em que ela esteja ao menos começando a diminuir. Fugir de uma exposição provavelmente reforçará os medos. Cuide também para não adotar comportamentos de segurança, incluindo compulsões se estiver lidando com TOC.
5. **Continue subindo em sua hierarquia.** Repita cada atividade até ela começar a parecer mais administrável. As sessões de exposição devem ser próximas o suficiente uma da outra para que novos aprendizados se construam; por exemplo, a prática diária é melhor que a semanal. Tenha em mente, porém, que nem sempre é bom fazê-las próximas demais, já que quatro sessões de exposição no mesmo dia provavelmente não são tão eficazes quanto quatro dias consecutivos de exposição.

Quando estiver pronto, passe para etapas mais difíceis. O processo será como subir uma escada, com o sucesso nos andares mais baixos permitindo o sucesso contínuo conforme você sobe mais alto. Se não conseguir completar um exercício desafiador, volte a um de nível mais baixo para praticar mais antes de tentar de novo o difícil. É normal que os níveis de medo variem entre as sessões de prática, muitas vezes sem motivo aparente, então, não deixe retrocessos temporários tirá--lo do caminho. Apenas continue trabalhando em seu plano.

Volte aos princípios sempre que necessário enquanto faz suas exposições. Você também pode incorporar qualquer uma das estratégias Pensar, Agir, Ser na exposição, como aceitar o desconforto. O processo da terapia de exposição não só diminuirá seu medo como aumentará sua disposição e habilidade de tolerar o desconforto.

Resumo do capítulo e lição de casa

O medo pode conduzir nossa vida de muitas formas, se deixarmos. Neste capítulo, revisamos alguns dos transtornos de ansiedade comuns e outras maneiras por meio das quais a ansiedade pode contaminar nossa experiência. Também abordamos várias estratégias oriundas do modelo Pensar, Agir, Ser para retomar sua vida das garras da preocupação e do medo avassaladores.

Essas estratégias individuais funcionam bem juntas – por exemplo, praticar aceitação do resultado temido enquanto fazemos exposição, e testar nossas previsões do que esperamos daquilo. Seguindo um programa de exposição sistemático, podemos transformar nossa determinação de conquistar nossos medos em progresso real.

Quando estiver pronto para enfrentar seus medos, aqui vão formas de começar:

1. Complete um diagrama TCC de seus medos, identificando seus pensamentos, sentimentos e comportamentos relevantes, bem como as relações entre eles.
2. Procure formas sutis pelas quais o medo lhe afeta e que não sejam imediatamente aparentes.
3. Escolha estratégias das categorias Pensar, Agir e Ser para praticar nos próximos dias.
4. Se tem medos específicos que se prestam bem à terapia de exposição, comece com o passo 1 e trabalhe consistentemente de acordo com o plano.
5. Equilibre o trabalho duro de enfrentar seu medo com autocuidado consistente (ver Capítulo 10). Ser bom consigo mesmo lhe ajudará nesse processo.

CAPÍTULO

9

Mantenha a calma: lidando com a raiva excessiva

A raiva pode ser uma experiência emocional poderosa, para o bem ou para o mal. Neste capítulo, analisaremos a raiva problemática e formas de lidar com ela eficazmente.

> *Alan ficou chocado quando se viu de relance no espelho enquanto esperava na linha. O rosto vermelho e a expressão furiosa quase o fizeram rir. "Pareço um maníaco", pensou consigo mesmo. Sua provação tinha começado 45 minutos antes, quando ele telefonou para trocar um produto que comprara. Foram necessárias algumas tentativas para passar dos menus automatizados, já que o sistema o colocava na espera e desligava depois de alguns minutos. Quando ele chegou a um ser humano, estava ficando cego de raiva.*
>
> *A voz do outro lado não pareceu muito compreensiva quando ele reclamou da dificuldade de ser conectado, e quando ele explicou seu pedido de troca, ela recitou a política da empresa: "Há uma janela de 14 dias para devoluções ou trocas, e infelizmente não abrimos exceções". Alan apertou os dentes e descreveu suas circunstâncias extenuantes: só receber o pedido depois dos 14 dias terem passado, ter se mudado recentemente, uma atualização de endereço que não fora registrada... A representante respondeu com uma calma irritante: "Senhor, é responsabilidade do cliente atualizar o endereço no registro".*
>
> *Furioso, Alan devolveu: "Quero falar com alguém que não seja surdo".*
>
> *"Um momento enquanto o transfiro." Depois de cinco minutos de música, a ligação caiu. Alan teve que se segurar para não jogar o telefone na parede. Vinte minutos depois, ele teve uma conversa parecida e soltou uma série de impropérios, que terminaram com um pedido para "falar com alguém que realmente se importe com o serviço ao cliente".*

Todos já passamos por situações irritantes, seja com representantes de serviços ao consumidor, clientes, amigos, cônjuges, pais, filhos, chefes ou estranhos. Quando canalizada de forma apropriada, a raiva pode ser uma força do bem.

Mas, em excesso, tem efeitos insalubres, tanto em nossa saúde quanto em nossos relacionamentos.

Vamos começar explorando o que é a raiva e como ela se expressa, e depois nos voltaremos a formas de lidar com ela.

Entendendo a raiva

Há muitas palavras para descrever nossas experiências de raiva. Irritação e aborrecimento descrevem algumas das formas mais suaves, enquanto ira e fúria sugerem estados emocionais mais intensos. A qualidade de nossa raiva varia também. Sentimo-nos *frustrados* quando nossos objetivos não se realizam, *exasperados* quando nossa raiva se mistura com descrença, *revoltados* quando percebemos uma grave violação do que é certo. Outras descrições de raiva têm suas próprias nuances: *ressentido, amargo, indignado, furioso, apoplético, enfurecido, contrariado, zangado, espumando, irado* e assim por diante.

O que todas essas descrições têm em comum? De uma forma ou de outra, há a sensação de *ter sido prejudicado*. Temos expectativas de como queremos que as coisas saiam e, quando algo ou alguém causa um resultado pior do que o esperado, temos a tendência de ficar bravos.

Os pensamentos que temos quando as coisas não saem do nosso jeito são centrais ao grau de raiva que sentimos. Durante a experiência de Alan com o serviço ao consumidor, ele pensou consigo mesmo: "Isso é uma perda de tempo completa". Logo abaixo de sua percepção consciente estava o pensamento relacionado: "Essas pessoas nem ligam de estar desperdiçando meu tempo". Foi essa interpretação que lhe deu um empurrãozinho na direção dos sentimentos de raiva.

Alan também teve pensamentos relacionados a expressar sua raiva. Conforme sua raiva aumentava, ele começou a sentir que precisava punir a pessoa com quem estava falando por tratá-lo mal. "Eles precisam saber que não sou um babaca com quem podem fazer o que quiserem", disse a si mesmo.

Sem Alan saber, seu corpo estava tendo seu próprio conjunto de reações. Sua pressão e frequência cardíaca tinham aumentado conforme sua atenção focava o alvo de sua raiva. Sua respiração ficara mais rápida, e ele entrou em ativação total do sistema nervoso simpático, mais luta do que fuga. Ele estava pronto para a batalha.

Podemos quebrar os componentes da raiva para entendê-la melhor e achar lugares para intervir no processo. Nosso modelo de raiva começa com um gatilho – alguma violação da expectativa de como deveríamos ser tratados. Nossos pensamentos resultantes, guiados por nossas crenças centrais (ver Capítulo 5), levarão a reações físicas e emocionais. Juntos, esses pensamentos, sentimentos e sensações físicas compõem nossa experiência subjetiva da raiva.

Uma distinção importante nesse modelo está entre nossa *experiência* da raiva e nossa *expressão* dela. A primeira claramente influencia a segunda, é claro, já que temos de *experimentar* o sentimento antes de *expressá-lo*. Podemos, porém, exercitar alguma escolha sobre se e como agiremos.

Por exemplo, quando alguém nos corta no trânsito, podemos decidir deixar nossa queixa para lá, em vez de retaliar. Ou podemos canalizar nossa raiva numa reação comedida, tomando cuidado para manter a cabeça fria. Outras vezes, podemos dar total vazão a nossa ira, atacando o alvo de nossa raiva com palavras duras ou até ações físicas. No extremo, o resultado da raiva não controlada pode incluir violência ou mesmo homicídio.

Nossos pensamentos influenciam fortemente como expressamos nossa raiva. É mais comum agirmos sob a influência dela quando temos crenças como *se alguém me tratar mal, preciso punir essa pessoa*. Esse tipo de crença dá lugar a pensamentos que nos autorizam e facilitam nossa expressão da raiva – pensamentos como "vou ensinar uma lição a ele" ou "ele merece".

A utilidade da raiva

Como nossas outras emoções, a raiva existe por um bom motivo. É um estado altamente energizado, que pode dar ímpeto para nos defendermos e lutarmos pelo que é certo. Por exemplo, carros no meu bairro viviam atravessando o semáforo vermelho num cruzamento movimentado que famílias atravessavam para chegar ao parquinho, e isso aconteceu algumas vezes enquanto esperávamos para atravessar com nossos próprios filhos. Minha noção do que era certo – as crianças precisam de um cruzamento seguro para chegar ao outro lado da rua – tinha sido violada, e a raiva resultante me levou a entrar em contato com nosso representante local, pedindo por mais medidas de segurança no cruzamento. A raiva pode ser extremamente motivadora.

Ela também é um sinal claro para os outros de que violaram nossos limites. Geralmente, prestamos atenção quando alguém está bravo, então, a raiva pode facilitar a comunicação clara. Inclusive, não expressá-la o suficiente pode ser um problema tão grande quanto expressá-la de forma exagerada. Como vimos com a ansiedade, a raiva se torna um problema quando a experimentamos em tal grau que os custos superam os benefícios. Podemos nos sentir raivosos o tempo todo, mesmo sem motivo aparente. Podemos fazer interpretações falsas e precipitadas que levem à raiva, como supor que estão nos criticando quando de fato não estão. Talvez tenhamos dificuldade de sair dos episódios de raiva ou a expressemos de formas pouco saudáveis.

Várias doenças psicológicas podem levar a problemas com raiva. Embora a depressão esteja ligada de forma mais óbvia a um sentimento de tristeza, a irritabilidade é um sintoma muito comum. Irritabilidade ou até agressão também podem ser parte da hiperexcitação no TEPT. A preocupação disseminada na TAG muitas vezes também leva à irritabilidade. Da mesma forma, indivíduos com TOC podem ficar raivosos se acharem que os outros são um gatilho de suas obsessões ou frustram suas compulsões. É importante tratar uma condição subjacente que possa estar contribuindo para a raiva excessiva. Conforme a doença melhora, a raiva e a irritabilidade devem diminuir.

O que contribui para a raiva excessiva?

As pessoas experimentam e expressam a raiva com frequência e intensidade variáveis. Os seguintes processos mentais têm sido ligados a níveis mais altos desse sentimento.

Atenção seletiva

Pessoas com tendência à raiva tendem a prestar atenção a coisas que a disparam. Alguém pode ter maior prontidão para notar comportamentos ofensivos de outros motoristas, por exemplo, ou focar coisas críticas que seu parceiro diz. Quanto mais procuramos essas coisas, mais motivos temos para nos enraivecer.

Pensamento enviesado

Como vimos no Capítulo 5, nossas crenças centrais motivam nossos pensamentos em situações de gatilho. Quanto mais interpretamos as ações alheias como hostis, desconsideradas e assim por diante, mais raiva experimentamos.

Ruminação

É fácil ficar preso em pensamentos sobre coisas que nos causaram raiva, revirando-as sem parar. Repassamos interações que nos chatearam, nos perguntamos como os outros puderam tratar-nos de forma tão injusta e até criamos roteiros de discussões irritantes que talvez nunca aconteçam. Apegar-se a lembranças e humores relacionados à raiva só a exacerba.

Estratégias para lidar com a raiva excessiva

A raiva costuma ser rápida e impulsiva. Descrevemos uma pessoa raivosa como pavio curto ou cabeça quente. Sentimos um choque de raiva e ficamos tentados a descarregar. Precisamos de formas para desacelerar, esfriar as coisas e achar espaço para escolher como reagir.

Cada uma das estratégias para desativar a raiva é uma forma de lhe manter no comando, em vez de sequestrado pela emoção. As técnicas apresentadas aqui cairão nas categorias familiares de Pensar (cognitivo), Agir (comportamental) e Ser (*mindfulness*).

Pensar (cognitivo)

- **Conheça seus gatilhos.** A maioria de nós tem pessoas ou situações que testam consistentemente nossa paciência. Exemplos comuns incluem dirigir, estar com pressa ou certos assuntos de discórdia com alguém que amamos. Muitas das estratégias para lidar com a raiva incluem saber com antecedência o que tem probabilidade de nos irritar. Dedique algum tempo a escrever seus gatilhos comuns.
- **Lembre-se dos custos da raiva excessiva.** Quando se está com raiva, é fácil ignorar as consequências de agir sob a influência dela. O que a raiva lhe custou que o motiva a continuar trabalhando para administrá-la? Como ela afetou sua paz de espírito? Suas relações íntimas? Sua vida profissional?
- **Examine seus pensamentos.** Use as técnicas do Capítulo 4 para identificar e examinar seus pensamentos relacionados à raiva. Busque erros de pensamento

que podem estar alimentando-a. Há crenças ou explicações alternativas que façam sentido e sejam menos irritantes?

As luzes do porão estavam acesas de novo. Rick xingou em voz alta. "As crianças nunca lembram de desligar as luzes", pensou, com irritação. Aí, percebeu – era só a segunda vez na semana. Rick ainda queria que seus filhos fossem mais consistentes, mas se sentiu menos irritado após examinar seu pensamento.

Talvez não seja realista mudar nosso pensamento no calor do momento, já que a raiva pode se sobrepor à nossa razão. Nessas horas, simplesmente observe os pensamentos que estão passando por sua mente e volte a avaliá-los quando estiver mais calmo.

Planeje com antecedência para lidar com a raiva

Episódios de raiva não acontecem do nada – em geral têm antecedentes específicos. Com frequência, conseguimos entender em retrospecto a cadeia de eventos que levou à nossa raiva. Essas condições eram como madeira seca; só precisou uma faísca para começarem a pegar fogo. Com prática, podemos começar a olhar a estrada à nossa frente e ver os sinais de alerta antes de perdermos a cabeça. Quando vemos o que está vindo, podemos usar as estratégias que funcionam melhor para nós: adotar uma mentalidade mais útil, diminuir nossa excitação emocional com algumas respirações calmantes, permitir-nos tempo adequado para minimizar a sensação de pressão e outras técnicas apresentadas neste capítulo. Nem sempre conseguimos evitar episódios de raiva, mas podemos prevenir cenários propícios ao planejar com antecedência sempre que possível.

- **Questione os "deveria" ou "não deveria".** Uma palavra que sempre aparece em nossos pensamentos indutores de raiva é "deveria":

  "Isso não deveria ser tão difícil."
  "Eles deveriam me tratar melhor."
  "Esses motoristas deveriam ir mais rápido."

Esses "deveriam" em geral refletem um erro de pensamento, pois, embora possamos *preferir* certo resultado, não há uma regra que tenha de fato sido violada. Examinar nossa sensação de violação pode diminuir a raiva desnecessária.

114 Terapia cognitivo-comportamental

- **Fale consigo mesmo para se acalmar.** Pratique falar consigo mesmo da maneira como fala com um amigo que está chateado. Crie palavras ou frases que o encorajam a se acalmar quando estiver começando a se irritar. Exemplos incluem:

  "Fique tranquilo."
  "Está tudo certo."
  "Respire até passar."
  "Não precisa perder a cabeça."

- **Note quando estiver alimentando pensamentos relacionados à raiva.** Somos capazes de alimentar nossa própria raiva mesmo sem qualquer estímulo presente, simplesmente repassando mentalmente coisas que nos chateiam. Ruminar nossa raiva dessa forma pode incluir conversas imaginárias que nos aborrecem – e até ficarmos bravos com interações inventadas! Práticas de *mindfulness* funcionam bem para redirecionar a ruminação (ver Capítulo 6).
- **Lembre-se de seu objetivo maior.** A raiva concentra nosso foco no alvo dela, o que pode excluir objetivos mais amplos. Por exemplo, podemos perder de vista o relacionamento que estamos tentando criar com nossos filhos quando nos frustramos com eles. Escreva de que formas a raiva interferiu em seus objetivos. Quando senti-la chegando, lembre-se das coisas que lhe são caras.
- **Questione suas explicações sobre o comportamento alheio.** Quando cometemos erros, tendemos a encontrar causas externas para dar conta deles. Quando os outros cometem um erro, culpamos a pessoa. Por exemplo, eu ficava irritado com motoristas que desligavam os faróis à noite e não os ligavam quando eu dava farol alto; supunha que fossem imbecis. Então, uma noite, eu mesmo fiz isso, indo até o meu destino sem perceber que tinha esquecido de ligar os faróis. Percebi que todos erramos e parei de me irritar com aqueles motoristas. Quando notar que está atribuindo as falhas dos outros ao caráter deles, pergunte-se se há uma explicação mais gentil e precisa. Talvez o motorista que o cortou esteja no telefone falando com o médico sobre seu filho doente, e não apenas sendo "um babaca". As atribuições que damos aos comportamentos alheios têm um grande impacto sobre nossa raiva.
- **Questione suas suposições sobre o que "tem que" acontecer.** A raiva pode levar a imperativos: "Tenho que dar uma lição nesse motorista", "Meu filho tem que parar de me responder", "Você tem que admitir que estou certo". Esses pensamentos podem nos levar a ações de que logo nos arrependeremos, porque, com poucas exceções, se trata de preferências exageradas. Por exemplo, eu posso *querer muito* que você admita que estou certo – e se você

não o fizer, a vida continua. A aceitação plenamente atenta (ver Capítulo 6) funciona bem aqui.

- **Questione a utilidade de reações raivosas.** A raiva é boa em justificar tanto a sua presença quanto as ações às quais leva. Por exemplo, a maioria dos motoristas que se vinga de outros motoristas diz fazer isso para dar uma lição ao outro e melhorar a forma como ele dirige. Isso ajuda? Não temos dados para responder diretamente a essa questão, mas pense no seguinte: você já decidiu ser um motorista melhor em razão do comportamento de um motorista irritado com você? Com essa ideia em mente, tome cuidado com pensamentos que fazem com que partir para o ataque pareça um bom plano.

Agir (comportamental)

Nossa experiência e expressão da raiva também dependem dos comportamentos que praticamos. Considere as seguintes ações que podem lhe ajudar a administrar sua raiva.

Durma o suficiente. Como mostraram meus colegas da Universidade da Pensilvânia, a privação de sono diminui nossa habilidade de tolerar pequenas frustrações. O sono inadequado também pode baixar nossas inibições, aumentando o risco de agressão e até violência. Veja o Capítulo 10 para saber mais sobre sono.

Note outros estados de desconforto físico. Nosso estado físico tem grande influência sobre nossa irritabilidade e raiva. Quando estamos com fome, dor ou algum outro desconforto, temos dificuldade de controlar a raiva. Pessoalmente, tive inúmeras situações em que fiquei mal-humorado enquanto cozinhava o jantar, sem perceber que era porque estava com muito calor. Algo tão simples quanto tirar o casaco pode fazer maravilhas. Quanto mais cuidamos de nosso bem-estar físico, menos tendemos à raiva problemática.

Dê a si mesmo tempo suficiente. Quando estamos atrasados, tendemos a nos sentir estressados e impacientes – uma receita perfeita para uma explosão de raiva se as coisas não saírem como queremos. Dê a si mesmo tempo suficiente para o que precisa fazer, de modo a evitar estresse e raiva desnecessários.

Adie brigas quando necessário. A maioria das discussões não tem de ser resolvida imediatamente. Se você vir que o conflito está piorando ou você está começando a ferver, planeje pausar a briga até se acalmar. A raiva pode tentar dizer que é preciso resolver aquilo *de imediato*, mas pergunte-se: você já se arrependeu de lidar com algo calmamente, em vez de fazê-lo no calor da emoção?

116 Terapia cognitivo-comportamental

Afirme suas necessidades. A maioria de nós alterna entre passividade e agressão quando os outros fazem coisas que interferem em nossas necessidades. Quando engolimos a raiva, criamos pressão que pode acabar explodindo de uma só vez.

Martin estava na cama ouvindo a música alta de seu vizinho – era a quarta noite naquela semana que ele não conseguia dormir por causa disso. Finalmente, se encheu. Vestiu o roupão, calçou os chinelos, foi até o apartamento do vizinho e bateu na porta. Quando o vizinho enfim abriu, Martin começou a gritar com ele.

Podemos lidar com violações de nossas necessidades de forma mais eficaz quando as reconhecemos assim que surgem, em vez de guardá-las e acumular frustração e ressentimento. Veja a seção Recursos para aprender mais sobre assertividade.

Ser (*mindfulness*)

As ferramentas de *mindfulness* podem ser valiosas quando as emoções estiverem quentes e for difícil pensar. A raiva nos compele a agir de forma impulsiva; como sugeriu o dr. Aaron T. Beck, podemos repensar a raiva como um sinal imperativo para *não* agir, já que provavelmente vamos nos arrepender de nossas ações praticadas na hora da raiva, embora nossos pensamentos no calor do momento nos digam o contrário. Muitas vezes, a melhor coisa a fazer quando estamos com raiva é nada. Incluí nesta seção algumas técnicas de relaxamento, que não são práticas de *mindfulness* no sentido mais estrito, mas têm muito em comum com essa abordagem.

- **Foque o presente para se dissociar da ruminação de raiva.** Como discutido anteriormente, ruminar coisas que nos chateiam só perpetua nossa raiva. Ainda assim, não é fácil abrir mão desses pensamentos repetitivos. Podemos usar o que quer que estejamos fazendo como ponto focal para conectar nossa atenção ao presente, em vez de ficar presos em nossa mente. Por exemplo, se estivermos cozinhando o jantar, podemos nos conectar com as sensações de picar vegetais, os sons do refogado, o aroma da cebola e do alho sendo cozidos e assim por diante. Veja mais sobre *mindfulness* nas atividades do dia a dia no Capítulo 6.
- **Pratique aceitação.** Muito de nossa raiva vem da crença de que as coisas *deveriam* ser diferentes do que são. Com a consciência plenamente atenta nos desapegamos desses julgamentos. Em vez de nos revoltarmos com resultados de que não gostamos, podemos nos abrir ao que está acontecendo. Essa prática pode ser particularmente útil para liberar ruminações ressentidas.

CAPÍTULO 9 | Mantenha a calma: lidando com a raiva excessiva **117**

- **Reconheça sua raiva.** Com a prática de *mindfulness*, podemos nos tornar mais conscientes de nossos pensamentos, sentimentos e comportamentos relacionados à raiva. Por exemplo, talvez notemos que estamos tensos e prontos para brigar ao abordar um assunto difícil com nosso cônjuge. Essa consciência nos dá oportunidades para administrar nossa raiva antes que ela nos leve a fazer coisas de que nos arrependeremos.
- **Aprenda seus padrões.** O *mindfulness* também pode elevar nossa consciência sobre determinados momentos ou situações em que tendemos à raiva.

Gene percebeu que caía facilmente na irritabilidade e impaciência na maioria das noites após o jantar. Era grosso com familiares e se frustrava rápido. Saindo do piloto automático, ele conseguiu usar estratégias para lidar com suas emoções nesses momentos de vulnerabilidade.

- **Identifique suas emoções primárias.** A raiva muitas vezes vem de outras emoções. Por exemplo, podemos nos sentir magoados ou rejeitados e reagir com raiva, que, de certa forma, pode ser uma emoção mais confortável para nós. Ou talvez sintamos um medo que nos leva a descontar nos outros, como quando um outro motorista quase causa um acidente e nossa reação de medo rapidamente se transforma em raiva. Note o que pode estar subjacente à sua raiva às vezes. Quando ficamos conscientes de um sentimento que leva a ela, podemos lidar com a fonte da emoção, em vez de nos perder na raiva sobreposta.
- **Relaxe.** A raiva é um estado de tensão, e o relaxamento físico pode desarmá-la. Um simples lembrete para relaxar, acompanhado por uma respiração calmante, pode aliviar nossa tensão. Também é útil praticar o relaxamento profundo quando não estamos tomados de raiva, para liberar a tensão sob comando (ver a seção sobre relaxamento muscular progressivo nas páginas 128-129).
- **Respire com sua raiva.** Não precisamos reagir à raiva, podemos aprender a tolerá-la. Respirando com ela, podemos nos abrir à experiência de estar bravos, permitindo que ela siga seu curso como uma onda que cresce, chega ao ápice e depois se esvai. A respiração consciente também ativará o sistema nervoso parassimpático, que acalma a reação de luta ou fuga.
- **Observe a raiva.** É possível dar um pequeno passo atrás na raiva quando entramos no papel de observador de nossas experiências. Em vez de nos identificarmos 100% com a raiva, podemos manter alguma perspectiva de nossas reações, vendo-as como algo que passa por nós. Quando observamos nossas reações de raiva assim, começamos a reconhecer que não precisamos agir sobre os pensamentos e sentimentos.

Meditação para lidar com a raiva

Na prática a seguir, usamos o corpo e a respiração como veículos para lidar com a raiva mal resolvida.

1. Comece com alguns momentos de meditação básica focada na respiração (ver página 75). Sinta seu corpo e todas as sensações que estão presentes dos dedos dos pés à cabeça.
2. Imagine o mais vividamente possível as circunstâncias que levaram à raiva, abrindo-se às emoções que elas provocam.
3. Note onde a raiva se expressa no corpo – por exemplo, a mandíbula apertada ou um nó no estômago. Respire com essas manifestações físicas da raiva. Traga compaixão à sua experiência, abrindo espaço para a emoção. Deixe que ela seja o que é. Tome o cuidado de não resistir aos sentimentos nem se critique pelas reações que está tendo.
4. Pratique ser testemunha de sua própria experiência, observando suas emoções sem ficar completamente emaranhado nelas. Se tiver dificuldade de assumir o papel de observador, tudo bem – é fácil ficar preso na raiva. Se em algum momento você se sentir sobrecarregado pelas emoções, dirija a atenção suavemente à respiração, até a raiva diminuir.
5. Continue respirando com as sensações físicas por quanto tempo quiser, notando como as emoções mudam com o tempo. Quando a intensidade da raiva suavizar, leve a atenção à respiração antes de abrir os olhos. Note como se sente.

Essa meditação nos permite praticar uma pausa entre nos sentir com raiva e reagir, dando-nos mais escolhas sobre como administramos emoções fortes.

Resumo do capítulo e lição de casa

A raiva descontrolada pode levar a conflito, agressão e até violência. Neste capítulo, analisamos os fatores que levam à raiva excessiva e descrevemos formas de administrá-la. Tenha em mente que o objetivo não é banir a raiva de nossas vidas, mas aprender a mantê-la sob controle. Algumas coisas deste capítulo para você praticar:

1. Complete um diagrama para uma situação específica que o enraiveceu, de modo a aprender mais sobre sua experiência com a raiva.

2. Use um registro de pensamentos para capturar e examinar alguns daqueles relacionados à raiva em alguma situação.
3. Comece a notar situações em que gostaria de praticar lidar com sua raiva.
4. Escolha uma ou duas técnicas das categorias Pensar, Agir e Ser para começar a praticar.
5. Escreva como cada técnica funciona para você e adicione novas conforme necessário.
6. Volte à sua lista de estratégias com frequência para lembrar a si mesmo das melhores maneiras de lidar com sua raiva.

CAPÍTULO

10

Seja gentil consigo mesmo

Até este ponto, tratamos dos fundamentos das estratégias cognitivas, comportamentais e baseadas em *mindfulness*, e vimos como essas práticas podem nos ajudar a lidar com emoções fortes. Neste capítulo, examinamos formas práticas de nos cuidar – mente, corpo e espírito.

John fez uma careta quando o alarme tocou. "Você precisa começar a dormir mais cedo", disse a si mesmo ao sentar e esfregar os olhos.

Depois de um banho rápido, John pegou uma xícara de café e um waffle congelado, comendo o mais rápido possível enquanto pensava sobre o dia importante que o esperava no trabalho. Colocou a louça na pia e se preparou para enfrentar o trânsito da manhã.

No carro, ele dividia sua atenção entre ouvir às notícias no rádio, com seu lembrete diário de tudo o que estava errado no mundo, e se preocupar com tudo o que ele podia fazer de errado no trabalho hoje.

A manhã correu surpreendentemente bem e, ao meio-dia, John estava faminto e pronto para um intervalo; porém, quando seus colegas o convidaram para almoçar com eles numa delicatéssen, John decidiu que não tinha feito o suficiente para poder sair para almoçar de verdade. Em vez disso, pegou alguns lanches da máquina para comer na mesa, com um refrigerante para ter o estímulo da cafeína e do açúcar.

Ele foi mais três vezes à máquina naquela tarde, para pegar mais biscoitos de pasta de amendoim e M&Ms – uma vez porque estava com fome, uma vez porque estava entediado e ansioso, e uma vez no fim da tarde para mais uma Coca diet para ajudá-lo a superar o cansaço das 16h.

Após o segundo trajeto estressante do dia, John pensou em ir à academia antes do jantar, mas achou que não tinha a energia necessária. Em vez disso, tirou da geladeira a pizza do dia anterior e duas latas de cerveja e comeu na frente da TV. Depois, ele acabou com um pote de sorvete.

Em torno da meia-noite, John começou a adormecer na frente da TV. Seu sono não andava bom, então, tentou ao máximo não acordar enquanto subia para a cama. Apesar de desejar desesperadamente o contrário, ele estava totalmente desperto quando colocou a cabeça no travesseiro. "Vou estar um caco amanhã", pensou, tentando dormir.

Depois de se revirar por uma hora, John ligou de novo a TV para ajudá-lo a dormir. Ainda estava ligada na manhã seguinte quando o alarme despertou, e John fez uma careta ao perceber que ainda era terça-feira. "Você precisa parar de fazer isso consigo mesmo", disse.

John está preso a um ciclo de comportamentos que estão sugando sua energia e comprometendo seu humor. Como a figura abaixo demonstra, os hábitos dele afetam seu humor e sua energia, o que, por sua vez, perpetua seus hábitos.

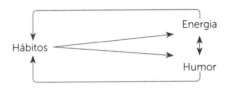

Por exemplo, o consumo de cafeína de John interfere em seu sono, o que o deixa cansado e desmotivado para se exercitar. A falta de exercício não ajuda seu humor ou seus níveis de energia, o que o leva a continuar dependendo de cafeína para ficar energizado durante o dia e de álcool para dormir à noite. Além desses hábitos prejudiciais, John consistentemente duvida de si mesmo e se critica.

O que pensaríamos se John tivesse um *coach* que o estimulasse a agir assim? Provavelmente, acharíamos que esse *coach* é um péssimo profissional, guiando-o a prosseguir com esses hábitos ruins. Talvez até nos perguntássemos se o *coach* realmente se importava com John. Mas a realidade é que, de um modo muito verdadeiro, John estava agindo como seu próprio *coach* e dando a si mesmo as instruções que seguia.

Vamos considerar algumas das formas mais importantes de cuidar de nós mesmos para nos sentirmos bem e irmos em direção a nossos objetivos.

Durma bem

Precisamos de um sono adequado para funcionar em nossa melhor forma. Infelizmente, milhões de adultos nos Estados Unidos sofrem privação de sono, ou porque não se dão tempo suficiente na cama, ou porque têm insônia.

De quanto tempo de sono você precisa?

A maioria de nós ouviu falar que precisamos de oito horas por noite. Na verdade, não é tão simples. As últimas diretrizes da National Sleep Foundation [Fundação Nacional do Sono] recomendam de sete a nove horas de sono por noite para a maioria dos adultos (de sete a oito para adultos mais velhos). Uma minoria de indivíduos precisa só de seis horas.

Como descobrir onde você se encaixa? Considere registrar seu sono por duas semanas, anotando o horário em que vai dormir e o horário em que acorda. Subtraia o tempo aproximado que passou acordado no início, meio e fim da noite. Com base nos números de cada noite, você pode calcular sua quantidade média de sono.

Por exemplo, digamos que vá dormir às 22h30 e levante às 6h30, então, ficou na cama por oito horas. Você leva 10 minutos para dormir e geralmente acorda à noite por 20 minutos mais ou menos, depois dorme até o alarme tocar às 6h30. Sua quantidade total de sono nessa noite seria oito horas menos 30 minutos, então, sete horas e meia de sono.

Se costuma ficar sonolento durante o dia e não sofre de alguma doença que cause isso (por exemplo, apneia do sono), você provavelmente precisa dormir mais do que está dormindo. Se acorda sempre se sentido relativamente renovado e não fica sonolento demais durante o dia (e não está usando cafeína nem outros estimulantes para ficar acordado), você provavelmente está dormindo o bastante.

Problemas de dormir pouco

Quase todas as áreas de nossa vida são prejudicadas quando não estamos dormindo o suficiente: nosso humor, energia, concentração, relacionamentos, desempenho profissional, capacidade de dirigir e mais. Ainda assim, inúmeras pessoas passam por cima da sonolência, usam estimulantes para aguentar o dia e ignoram os prováveis custos do sono perdido. Pode ser difícil tornar o sono uma prioridade quando ele parece tempo perdido sem fazer nada. Sair com amigos, trabalhar mais, assistir a nossos seriados favoritos e incontáveis outras atividades competem com nossa necessidade de dormir.

Mas o sono é tudo, menos um estado de inatividade. Embora nosso corpo possa estar parado, nosso cérebro está bem ocupado, já que a quantidade apropriada de sono leva a mais aprendizado e memória. O sono também facilita a cura em nosso corpo, e já se provou que a privação de sono eleva os níveis de marcadores inflamatórios no corpo. Quando nos privamos de dormir, isso ocorre à custa de nós mesmos.

Se você quer dormir mais, mas tem dificuldade de fazer disso uma prioridade, pense no que diria a um amigo. Como ajudaria esse amigo usando as ferramentas da TCC? Como qualquer outra tarefa, planejaríamos um horário específico para ir para a cama, dependendo de quando planejamos acordar e de quanto sono estamos buscando. Também poderíamos colocar um alarme para nos alertar sobre quando começar nossa rotina noturna. Volte ao Capítulo 7, pois muitas das práticas apresentadas lá se aplicam ao problema de atrasar nosso horário de dormir.

Conforme você começar a sentir a recompensa de dormir mais, ficará motivado a continuar priorizando seu sono. Talvez também se perceba mais afiado e produtivo durante o dia, o que pode compensar as horas a menos acordado.

Como consertar um ciclo de sono quebrado

Mas e se seu problema não for deitar-se no horário – e se estiver passando tempo o bastante na cama, mas sem conseguir dormir? Se tem sempre dificuldade de pegar no sono ou continuar dormindo, ou se acorda muito antes do que pretendia, talvez você sofra de insônia, como milhões de outros adultos. A insônia muitas vezes começa com uma interrupção do sono com causa clara. Podemos estar tomando uma medicação que interfere em nosso sono ou talvez o estresse profissional nos mantenha acordados.

Compreensivelmente, tentamos compensar o sono que perdemos indo para a cama mais cedo, dormindo até mais tarde depois de uma noite ruim ou tirando sonecas. Infelizmente, acabamos piorando as coisas. Se dormir até mais tarde, por exemplo, você provavelmente vai ter dificuldade de dormir naquela noite. Deitar na cama sem conseguir pegar no sono em geral leva a ansiedade, que piora a insônia. Como resultado, podemos continuar dormindo mal, mesmo depois de o problema original (por exemplo, estresse profissional) ter se resolvido.

O tratamento número um para dificuldade crônica de dormir é a terapia cognitivo-comportamental para insônia (TCC-I). As diretrizes da TCC-I são boas práticas de sono em geral, e incluem:

- Dormir e acordar no mesmo horário todos os dias.
- Planejar ir para a cama só pela quantidade de tempo que você realmente consegue dormir.
- Usar a cama só para dormir (exceto pelo sexo), para fortalecer a associação "cama igual a sono".
- Sair da cama se estiver com dificuldade de dormir, para quebrar a ligação entre a cama e a ansiedade de não dormir.
- Desafiar pensamentos prejudiciais sobre o sono (por exemplo, pensamentos catastróficos sobre como o dia seguinte será terrível por causa do sono ruim).

124 Terapia cognitivo-comportamental

- Praticar relaxamento para contrabalançar a tensão e a ansiedade que costumam vir com a insônia.
- Praticar consciência e aceitação *mindful* para interromper preocupações relacionadas ao sono e desapegar-se dos esforços de se forçar a dormir.
- Seguir outras práticas que promovem bom sono, como limitar o consumo de cafeína (em especial após o horário do almoço); deixar o quarto fresco, escuro e silencioso; não usar eletrônicos no quarto; e se exercitar regularmente.
- Evitar sonecas em geral, que podem dificultar o bom sono noturno.
- Ter uma rotina de descontração que sinalize para seu corpo e cérebro que o horário de dormir está se aproximando (por exemplo, alongamento suave, ler por prazer ou tomar uma xícara de chá de ervas).

Se está tendo problemas com um sono ruim, há diretrizes de sono que você gostaria de seguir nesta semana? Escreva seus planos em seu caderno.

Alimente seu corpo e cérebro

É sabido que o alimento que colocamos em nosso corpo afeta nossa saúde física. Por exemplo, quem come muito açúcar tem mais tendência a obesidade e problemas de saúde como diabetes tipo 2. Também passaremos por picos de glicemia no sangue, seguidos de quedas, levando a baixa energia e desejo por açúcar, dando continuidade ao ciclo.

Há cada vez mais provas de que nossa dieta também tem um grande impacto em nosso bem-estar mental e emocional, o que levou a um novo campo de saúde mental chamado psiquiatria/psicologia nutricional.

Comendo para ter saúde mental

Embora as recomendações dietéticas específicas para saúde mental variem, de forma consistente elas pedem comidas minimamente processadas – em especial, muitos vegetais e frutas, castanhas e nozes, legumes, batatas, grãos integrais, peixe e gorduras boas como azeite de oliva. Comidas a limitar ou evitar são as altamente processadas, açúcar refinado, *fast food* e gorduras trans (por exemplo, óleo hidrogenado).

Essas são recomendações similares à "dieta mediterrânea", baseadas em estudos da última década que mostram que esses hábitos alimentares afetam significativamente a saúde mental. Por exemplo, uma pesquisa de 2009 publicada no *British Journal of Psychiatry* descobriu que uma dieta com muitos alimentos processados eleva a chance de desenvolver depressão em até 58% num período de cinco anos. Outras pesquisas mostraram efeitos similares da dieta sobre transtornos de ansiedade.

Com base nessas associações, o primeiro estudo desse tipo usou uma dieta de estilo mediterrâneo e suplementos de óleo de peixe como tratamento para a depressão. Os resultados mostraram que as mudanças na dieta levaram a uma melhora maior do que a do grupo de controle, produzindo uma redução média de quase 50% nos sintomas de depressão em três meses, que foi mantida seis meses depois.

Uma das vantagens da dieta mediterrânea, além dos benefícios à saúde, é que ela também tende a ser atrativa por não ser restritiva demais. As diretrizes permitem uma variedade ampla de frutas e vegetais coloridos, muitas gorduras saudáveis e que satisfazem, além de proteína suficiente.

Pesquisadores tentaram determinar como a dieta afeta nossa saúde mental, e um fator-chave parece ser a inflamação. Por exemplo, um estudo descobriu que uma dieta rica em alimentos que disparam a reação inflamatória do corpo mais do que dobrava as chances de desenvolver depressão. O interessante é que essa associação talvez seja válida apenas para as mulheres, embora os homens se beneficiem de seguir as mesmas diretrizes alimentares.

> *"Quanto mais se come uma dieta rica em frutas e vegetais, muitas gorduras saudáveis, castanhas, peixes e pouca comida processada (uma dieta de estilo mediterrâneo), mais se está protegido de desenvolver um transtorno mental."* — Julia J. Rucklidge e Bonnie J. Kaplan

Desafios de comer para ter saúde

Dadas as consideráveis vantagens de uma dieta saudável, o que faz com que seja tão difícil para tanta gente seguir essas diretrizes? Boa parte do problema é simplesmente a inconveniência. Pense em John, do início deste capítulo. Quando estava com pressa, era fácil buscar comidas convenientes como *waffles* congelados ou lanches de máquina. Quando você está correndo pela estação de trem e precisa pegar algo para levar, há inúmeras opções rápidas, fáceis e menos saudáveis. O mesmo acontece em casa: comer bem exige planejar com antecedência, por exemplo, escolher receitas, fazer uma lista de supermercado, ir ao supermercado e aprender a cozinhar, caso ainda não saibamos. Em contraste, comidas altamente processadas muitas vezes só exigem que você abra uma embalagem.

Alimentos convenientes também tendem a fornecer um ataque triplo de gordura, açúcar e sal, uma combinação muito viciante. A luta para comer bem é árdua, e podemos acabar consumindo comidas que têm quase todas algum tom amarronzado e são feitas de ingredientes que não reconhecemos e não conseguimos pronunciar. Se você está comprometido a comer melhor, faça um plano em direção a esse objetivo. Incluí um link para informações da Mayo Clinic na seção de Recursos, para você começar. Pensando nos benefícios de uma dieta saudável – não só para nossa saúde mental, mas para uma melhor saúde física e uma vida mais longa –, o investimento em nós mesmos vale o esforço.

Movimente-se

Assim como uma dieta saudável, o exercício consistente é uma parte essencial de todos os aspectos da saúde. Os benefícios do exercício sobre a saúde física não são segredo; pesquisas mostraram que ele também tem efeitos positivos em problemas como ansiedade, depressão, transtornos alimentares e transtornos por uso de substâncias, bem como dor crônica e doenças neurodegenerativas como Alzheimer. Os efeitos do exercício foram estudados principalmente na depressão, para a qual os benefícios tendem a ser bastante significativos. Tanto exercícios aeróbicos (por exemplo, correr) como anaeróbicos (por exemplo, musculação) podem melhorar a saúde mental.

De que maneira o exercício ajuda?

Há muitos motivos para o exercício ser benéfico. Entre eles:

* Sono melhor, que é associado a uma melhora na saúde mental.
* Liberação de endorfinas, as substâncias químicas de bem-estar do corpo.
* Uma sensação de conquista por ter se exercitado e estar mais em forma.
* Distração de padrões de pensamento insalubres como a ruminação.
* Melhor fluxo de sangue para o cérebro.
* Melhora em funções executivas como organização e foco.
* Contato social com outros que estão se exercitando.
* Passar tempo ao ar livre (quando aplicável); sobre estar na natureza, veja a seção "Passe tempo ao ar livre" (página 131).

Como começar

Se estiver pronto para aproveitar os muitos benefícios do exercício, siga os passos do Capítulo 3 para ativação comportamental:

CAPÍTULO 10 | Seja gentil consigo mesmo **127**

1. Comece definindo o que é importante para você na atividade física. Por exemplo, tem a ver com fazer algo que lhe traz alegria ou sentir que está se cuidando?
2. Encontre atividades de que gosta, que talvez nem mesmo caiam na categoria "exercício". Podem incluir caminhar com um amigo, jogar tênis ou fazer uma aula de dança, por exemplo. Quanto mais você gostar do movimento, mais motivado ficará para fazê-lo de forma consistente.
3. Planeje horários específicos para se exercitar e coloque-os em seu calendário. Comece de forma gradual para não se sentir sobrecarregado por seus objetivos. Com um planejamento cuidadoso, você pode incluir o exercício regular em sua rotina e desfrutar de todos os efeitos positivos sobre seu bem-estar.

Administre o estresse

Qualquer coisa que cria uma demanda sobre nossos recursos físicos, mentais ou emocionais produz certa quantidade de estresse, tornando-o uma parte inevitável da vida. Assim como acontece com nossas emoções, o objetivo não é eliminar o estresse de nossa vida, mas aprender a administrá-lo de forma eficaz. Em sua obra inspiradora, o endocrinologista húngaro Hans Selye revelou que há uma reação comum ao estresse, independentemente da fonte. Não importa se estamos sendo perseguidos por um jacaré ou dando uma palestra – o sistema nervoso simpático será ativado para nos ajudar a enfrentar o desafio.

"Num nível incrivelmente simplista, é possível pensar na depressão como algo que ocorre quando seu córtex pensa algo abstrato negativo e consegue convencer o resto do cérebro de que se trata de algo tão real quanto um estressor físico." — Robert Sapolsky, Why Zebras Don't Get Ulcers (Por que as zebras não têm úlcera)

Selye descobriu que lidamos muito bem com o estresse de curto prazo: nosso corpo monta uma reação, resolvemos a situação e nosso sistema nervoso parassimpático nos leva de volta ao nível basal. Porém, quando o estresse é contínuo, nosso corpo e cérebro ficam exaustos.

Os efeitos cumulativos do estresse de longo prazo incluem função prejudicada do sistema imune, problemas cardíacos e digestórios, bem como doenças psicológicas. Além desses efeitos de longo prazo, simplesmente não é agradável viver num estado constante de alerta elevado.

O primeiro passo para administrar o estresse é a consciência. Comece simplesmente com uma curiosidade sobre sua reação ao estresse, permitindo que a mente se abra ao que você está experimentando. Por exemplo:

128 Terapia cognitivo-comportamental

- Está apertando a mandíbula?
- Seu estômago está tenso?
- Está segurando tensão no pescoço e nos ombros?
- Como está a qualidade de sua respiração?
- O que está acontecendo em seus pensamentos?

Com a prática, podemos afiar nosso reconhecimento da sensação de estresse em nosso corpo e nossa mente, a fim de começar a soltá-lo. Praticar *mindfulness* (ver Capítulo 6) pode ajudar nesse sentido.

Formas eficazes de administrar o estresse em nossa vida incluem:

- Minimizar o estresse desnecessário (por exemplo, ficar longe de pessoas que criam estresse).
- Dizer "não" a compromissos quando já estamos sobrecarregados.
- Relaxar padrões rígidos e irreais que estabelecemos para nós mesmos (por exemplo, *tenho que* terminar este projeto hoje).
- Focar o que está acontecendo no presente.
- Fazer respirações lentas.
- Praticar meditação.
- Fazer uma aula de ioga.
- Exercitar-se regularmente.
- Fazer relaxamento muscular progressivo.
- Sair de férias.
- Realizar intervalos curtos ao longo do dia.
- Cultivar tempo livre de trabalho todos os dias e nos fins de semana.
- Questionar pensamentos prejudiciais sobre o que você deveria estar fazendo.
- Reservar tempo para si mesmo e fazer atividades relaxantes de que gosta, como ler ou tomar um banho de banheira.

Relaxamento muscular progressivo

Siga estes passos para atingir um estado profundo de relaxamento.

1. Encontre um lugar tranquilo onde você não será perturbado. Silencie seu telefone.
2. Sente numa cadeira com as pernas esticadas à frente, calcanhares no chão. Faça os ajustes necessários para ficar confortável. Permita que seus olhos se fechem.
3. Alternadamente, tensione e relaxe os grandes grupos musculares em seu corpo, começando pelos pés e subindo. Crie um nível moderado de tensão muscular

em cada área do corpo por alguns segundos. Depois, libere a tensão de uma vez, realmente notando o contraste ao sair de tenso para relaxado. Continue a relaxar por 30 a 60 segundos antes de tensionar o próximo grupo muscular. A sequência pode incluir:

Parte inferior das pernas: uma perna de cada vez, puxe os dedos em sua direção para criar tensão nas canelas.

Coxas: uma perna de cada vez, flexione a perna, tensionando o quadríceps, músculo frontal da coxa.

Glúteos: aperte os músculos das nádegas.

Abdome: tensione os músculos do estômago e puxe o umbigo na direção da coluna.

Respiração: inspire profundamente, expandindo o peito, e segure. Solte a tensão ao expirar.

Parte superior dos braços: um braço de cada vez, tensione os músculos em cada um.

Antebraços e mãos: um braço de cada vez, feche o punho e puxe a mão na direção do cotovelo, criando tensão na mão, pulso e antebraço.

Pescoço e cervical: tensione os ombros para cima, na direção das orelhas.

Rosto e couro cabeludo: levante as sobrancelhas enquanto simultaneamente aperta os olhos fechados (você talvez precise remover as lentes de contato para isso).

4. Faça algumas boas respirações lentas enquanto solta qualquer tensão muscular remanescente, deixando seu corpo inteiro entrar num estado de relaxamento profundo.

5. Leve sua atenção à respiração. Siga as sensações de inspirar e expirar. Com cada expiração, diga mentalmente a si mesmo uma única palavra associada a relaxamento (por exemplo, "paz", "calma", "respiração" etc.). Continue dizendo essa palavra em sua mente a cada vez que expirar, por três a cinco minutos.

6. Lentamente leve a consciência de volta aonde você está. Comece a balançar os dedos dos pés e das mãos. Quando estiver pronto, abra os olhos. Observe como se sente.

7. Pratique esta sequência pelo menos uma vez por dia (idealmente, duas).

8. Com o tempo, você pode abreviar a prática conforme ficar mais hábil em soltar a tensão. Pode fazer as duas pernas ou os dois braços de uma vez, por exemplo, e só fazer os grupos musculares que estão tensos.

Unindo o relaxamento profundo com uma palavra e uma expiração, você estará treinando a mente e o corpo a entrarem num estado de relaxamento sob comando. Quando perceber que está começando a se sentir tenso e estressado,

130 Terapia cognitivo-comportamental

pode fazer uma respiração calmante, dizer sua palavra enquanto expira e sentir os benefícios de todo o seu treinamento de relaxamento muscular progressivo.

Num mundo que dá valor a estar ocupado o tempo todo, pode parecer que não podemos tirar tempo para relaxar. Mas esse tempo nunca é um desperdício e não deve ser considerado um luxo. Ao investir em seu próprio bem-estar, você será mais produtivo e uma companhia mais agradável.

Interaja com o mundo real

Na última década, a tecnologia tem permeado todas as áreas de nossa vida. Você talvez se lembre de um tempo, como eu, em que não havia *smartphones* nem celulares, *laptops*, redes sociais ou e-mail. O advento dessas tecnologias trouxe muitos benefícios, como o compartilhamento rápido de ideias e a habilidade de nos conectar com rapidez e sem esforço com pessoas ao redor do globo.

Ao mesmo tempo, há potenciais desvantagens à onipresença da tecnologia. Muitas pesquisas começam a examinar os efeitos de várias dessas inovações em nosso bem-estar. As descobertas incluem:

- Pessoas que usam mais o Facebook, com o tempo, acabam menos felizes e menos satisfeitas com sua vida.
- Ver os outros como mais felizes ou bem-sucedidos em seus posts de redes sociais leva a uma diminuição da autoestima e a um aumento da ansiedade e da inveja.
- Maior uso de *smartphone* em casa está associado a mais conflitos entre vida pessoal e profissional.
- Mais tempo com tecnologia está ligado a maior incidência de *burnout* (exaustão).
- Maior presença da tecnologia no quarto está associada a um sono pior.

A tecnologia pode ser altamente viciante, de maneira que é fácil cair em padrões de uso excessivo. Se você já esteve com alguém que ama e que fica o tempo todo no telefone, sabe em primeira mão o peso que as intrusões tecnológicas podem ter em nossos relacionamentos. Ainda assim, mesmo achando o uso constante dos outros irritantes, podemos nos envolver no mesmo comportamento.

Tire alguns momentos para pensar sobre seu relacionamento com seu telefone e outras telas, e observe, nos próximos dias, quantas vezes está ligando seu *smartphone* ou *tablet*. Embora haja todo um mundo nos esperando neles, em outro sentido, o cenário nunca muda se ficarmos presos a uma tela. Considere se é uma boa ideia aumentar seu tempo imerso na vida real – por exemplo:

CAPÍTULO 10 | Seja gentil consigo mesmo **131**

- Ligue a função "não perturbe" quando quiser uma folga do telefone.
- Deixe o telefone em casa às vezes.
- Desligue as notificações, de modo que seu telefone não fique chamando-o a interagir.
- Torne a hora das refeições um momento livre de tecnologia.
- Torne as redes sociais menos acessíveis (por exemplo, desinstalando-as do telefone).
- Minimize o número de aplicativos que você usa, já que cada um aumenta os motivos para você ficar no telefone.
- Troque seu *smartphone* por um celular tradicional. Sei que essa opção soa extrema, mas fiz isso durante três anos e achei libertador.

Passe tempo ao ar livre

Estar ao ar livre é bom para nosso bem-estar. Por exemplo, viver num bairro mais verde está associado a uma melhor saúde mental. Um estudo de Ian Alcock e colaboradores descobriu que pessoas que se mudavam para uma área mais verde tinham uma melhora subsequente em sua saúde mental, mantida durante um período de três anos de acompanhamento. Parte do efeito benéfico desses bairros parece vir da maior possibilidade de caminhar por lazer. Áreas verdes como parques também funcionam como ponto de encontro para amigos da vizinhança, facilitando a conexão social.

Parece haver, ainda, um benefício direto de estar em ambientes naturais não construídos pelo homem; por exemplo, podemos desfrutar da beleza natural dos arredores numa trilha na floresta, talvez achando até alguma conexão espiritual. O tempo na natureza também nos dá uma folga de lidar com o trânsito, o constante bombardeio de propagandas e entretenimento, além da vigilância automática em busca de pessoas ameaçadoras.

"Aqueles que contemplam a beleza da terra encontram reservas de força que durarão enquanto durar a vida. Há algo infinitamente curativo nos refrãos repetidos da natureza – a garantia de que o alvorecer vem após a noite, e a primavera, após o inverno." — Rachel Carson

Também há evidência de estudos laboratoriais de que ver cenas de natureza ativa o sistema nervoso parassimpático, ajudando na recuperação após o encontro com um estressor. Descobertas relacionadas mostraram que sair para caminhar num ambiente natural (um campo com árvores esparsas próximo à universidade onde a pesquisa foi conduzida), em comparação a uma caminhada em área urbana, levava a menos ruminação, além de atividade diminuída numa região do cérebro ligada a isso.

Em resumo, há muitos motivos para passar tempo em ambientes naturais ao ar livre. Onde você pode planejar passar mais tempo para experimentar a satisfação e o alívio do estresse que a natureza oferece?

Sirva os outros

O autocuidado é tudo, menos uma busca egoísta. Quanto melhor nos sentimos, mais podemos dar aos outros. O contrário também é verdade: quanto mais fazemos pelos outros, melhor nos sentimos. De fato, pesquisas mostraram que fazer questão de ajudar os outros leva a melhorias nos sintomas de depressão e ansiedade.

Por que ajudar os outros na verdade é bom para nós mesmos? Pesquisadores da área sugeriram várias explicações possíveis:

1. Focar os outros pode nos distrair de nosso próprio sofrimento.
2. Ajudar os outros traz significado e propósito.
3. Condutas pró-sociais podem liberar ocitocina, envolvida na confiança e no laço com os outros.
4. Há algo inerentemente recompensador em fazer coisas boas para os outros, o que pode estimular a liberação de dopamina.
5. Estender a mão para alguém pode diminuir a atividade em nosso sistema de reação ao estresse.

Há muitas formas de servirmos os outros:

- Mostrar apoio quando alguém de quem gostamos está sofrendo.
- Reagir com compaixão quando alguém comete um erro.
- Levar um amigo para almoçar.
- Tornar o dia de nosso parceiro um pouco mais fácil.
- Ser gentil com outros motoristas.
- Ouvir com atenção outra pessoa.
- Usar nossas palavras para enaltecer os outros.
- Voluntariar nosso tempo para ajudar aqueles em situações menos favorecidas.
- Fazer de tudo para ajudar alguém que provavelmente nunca devolverá o favor.
- Doar itens materiais de que não precisamos para pessoas que possam usá-los.
- Ajudar um vizinho a cuidar do jardim.

CAPÍTULO 10 | Seja gentil consigo mesmo **133**

- Preparar uma refeição para alguém necessitado.
- Doar dinheiro para uma instituição de caridade cujo trabalho achamos importante.
- Visitar um conhecido que está hospitalizado.

Ajudar os outros não só nos torna mais felizes como também é contagioso. Nossos comportamentos de ajuda podem se multiplicar conforme os outros responderem da mesma maneira. Quais oportunidades você pode aproveitar nesta semana para melhorar o dia de alguém – e o seu próprio, no processo? Pode até começar agora mesmo.

Seja grato

Nossa mente é boa em focar o que está errado em nossa vida, excluindo o que está indo bem. Mas, quando notamos e apreciamos o bom, muitas vezes descobrimos que temos mais alegrias do que imaginávamos.

A gratidão tem sido ligada a uma série de resultados positivos, incluindo humor melhor, menos risco de depressão, menos estresse, mais satisfação na vida e relacionamentos mais fortes. Esses efeitos podem ser vistos até mesmo com práticas de gratidão simples e de curto prazo.

Por exemplo, uma equipe de pesquisadores pediu que participantes escrevessem coisas pelas quais eram gratos, ou alguns problemas recentes em sua vida – o exercício de gratidão levou a mais emoções boas, uma visão mais positiva da vida e maior otimismo sobre o futuro.

A gratidão também faz com que seja mais provável que ajudemos os outros, mesmo a nosso próprio custo; quando percebemos que nosso próprio pote está cheio, estamos mais dispostos a compartilhar.

Nossos sistemas de atenção são mais sensíveis a mudanças, e as coisas que temos o tempo todo se perdem no pano de fundo da vida. Quando decidimos praticar a gratidão, muitas vezes nos surpreendemos com quanto temos a agradecer. Essas coisas podem incluir:

- Uma cama para dormir toda noite.
- Pessoas que gostam de você.
- Roupas para cobrir o corpo.
- Um planeta cheio de vida.
- Uma estrela para aquecer o planeta e permitir a fotossíntese.
- Comida para nutrir nosso corpo e alimentar nossos esforços.
- Eletricidade, água encanada e climatização.

- Transporte.
- Um bairro relativamente seguro.
- Pulmões capazes de levar oxigênio a todas as células do corpo e se livrar do dióxido de carbono.
- Um cérebro que lhe traz todas as suas experiências.
- Um coração para bombear o sangue.
- Os cinco sentidos.

E a lista continua: coisas que nem sempre notamos e agradecemos até perceber que podemos perdê-las. Quantas vezes percebemos como é maravilhoso simplesmente estar saudável após uma doença? Somos capazes inclusive de achar coisas às quais ser gratos em meio às dificuldades. Por exemplo, podemos estar sofrendo por ter de levar um filho ao pronto-socorro no meio da noite, mas agradecer por ter acesso a cuidados médicos 24 horas. Um alerta aqui: tenha cuidado ao pedir que os outros pratiquem a gratidão enquanto estão num momento difícil. Pode parecer facilmente que você está invalidando ou desprezando as dores deles.

Há muitas formas de praticar a gratidão, como:

- Escrever as coisas pelas quais você agradece a cada dia (fazer essa atividade antes de dormir pode melhorar o sono).
- Passar alguns minutos lembrando de coisas pelas quais é grato.
- Verbalizar sua gratidão a alguém em sua vida.
- Entregar uma carta a alguém, expressando sua gratidão a essa pessoa.
- Praticar meditação de gratidão.

Pesquisas recentes sugerem que expressar nossa gratidão aos outros é ainda mais eficiente do que apenas refletir sobre ela – e pode ser mais eficaz principalmente quando estamos deprimidos. Tire alguns momentos agora para pensar a que você é grato na vida.

Resumo do capítulo e lição de casa

Temos conosco, a todos os momentos, um amigo em potencial – alguém capaz de nos encorajar, elogiar nossos sucessos, nos apoiar quando estamos para baixo, planejar experiências boas para nós, dar-nos oportunidades de usar nossas forças e desafiar-nos com amor. Infelizmente, muitas vezes fazemos o papel de nosso próprio inimigo, sendo rápidos na autocrítica e lentos no perdão, boicotando o exercício físico, nos privando de sono, nos alimentando com comidas não saudáveis e minimizando nossa alegria com a vida.

Com as práticas explicadas neste capítulo, você trabalhará sob uma perspectiva totalmente diferente: planejar sua vida como faria com alguém que ama. Esses planos vão cuidar de suas necessidades fundamentais de alimentos nutritivos, sono reparador e movimento consistente. Também incluem lidar com os estressores inevitáveis que você encontrará e passar tempo na natureza; por fim, algumas das coisas mais gentis que você pode fazer por si mesmo são praticar a gratidão e ajudar os outros.

Essas práticas funcionam bem juntas. Por exemplo, estudos sobre o estilo de vida mediterrâneo encontraram benefícios não só na dieta, mas também em um maior envolvimento em atividades sociais e mais atividade física; uma pesquisa descobriu que a dieta mediterrânea sozinha levava a uma redução de 20% no risco de depressão, enquanto adicionar mais atividade física e socialização levava a uma redução de 50%.

Pronto para colocar seus planos em ação? Pode começar com estes passos; foque, inicialmente, os que lhe são mais importantes:

1. Avalie se você se trata como alguém de quem gosta. De que formas gostaria de se tratar melhor?
2. Planeje e comece uma rotina consistente que priorize seu sono.
3. Faça uma mudança positiva em seu plano de nutrição – por exemplo, preparar certo número de refeições em casa a cada semana.
4. Adicione mais movimento ao seu dia. Comece devagar e evolua gradualmente.
5. Crie um plano de administração do estresse; inclua uma atividade diária pequena (por exemplo, ouvir música na volta para casa); uma atividade semanal maior (por exemplo, fazer uma aula de ioga); e uma atividade mensal (por exemplo, fazer uma massagem com um profissional).
6. Incorpore mais tempo na natureza em sua semana: combine tempo ao ar livre com contato social, se possível.
7. Pense em pequenas formas de servir os outros todos os dias, além de projetos de voluntariado maiores para fazer com regularidade (por exemplo, trabalhar semanalmente num banco de alimentos).
8. Escreva três coisas pelas quais é grato toda noite antes de ir dormir.

Conclusão: siga em frente

Este livro apresentou formas de lidar com emoções difíceis. Começamos com os princípios da TCC e como ela pode ser eficaz. Depois, abordamos os três pilares da TCC – técnicas comportamentais, cognitivas e baseadas em *mindfulness* – e vimos como essas abordagens podem ajudar com a depressão, a raiva, a ansiedade e outras experiências emocionais que nos sobrecarregam. O capítulo anterior teve como foco sermos amigos de nós mesmos, o que, na verdade, é a mensagem geral da TCC.

Convido-lhe a pensar no que levou você a escolher este livro. O que estava acontecendo que lhe disse que era hora de uma mudança? Revise os objetivos iniciais que determinou no Capítulo 2.

Espero que as estratégias oferecidas nestes capítulos tenham lhe ajudado a ir na direção deles. Ao revisitar seus objetivos, quais benefícios descobriu com o trabalho que fez? Você pode conversar com algum ente querido para ver se notaram sua aplicação das técnicas deste livro.

Zach pensou em como estava deprimido seis meses atrás. Lembrou-se de que quase não tinha motivação e energia na época, e de quanto estava irritado. Tinha começado até a questionar se deveria continuar vivendo, o que o assustou. A partir daquele momento, ele trabalhou duro para recuperar sua vida e, agora, estava num lugar muito diferente.

Falando sobre essas mudanças, Zach e sua esposa, Lisa, pensaram juntos sobre o que tinha feito mais diferença. "Você com certeza pareceu mais feliz depois de voltar a ver amigos", disse Lisa. Zach lembrou como tinha sido difícil inicialmente se obrigar a ir atrás dos amigos e, por fim, como fora encorajador.

"Sei que o exercício também fez uma grande diferença", ele falou. Pausou e, então, completou: "Acho que o principal foi só lembrar que eu sou uma pessoa boa e os outros gostam de mim. Eu tinha começado a acreditar em coisas muito ruins sobre mim mesmo".

Conforme continuavam a conversa, Zach escreveu os fatores-chave para sua recuperação dos quais queria se lembrar.

Aprender o que lhe ajuda é uma das coisas mais importantes que você pode descobrir. Aconselho fortemente que você escreva os comportamentos e a mentalidade aos quais precisa retornar para estar em seu melhor.

Com a repetição, muitas dessas novas práticas vão se tornar instintivas. Por exemplo, podemos começar a associar certas manhãs da semana com ioga ou corrida. Outras estratégias, porém, podem se perder facilmente, em especial aquelas para as quais é difícil programar horários específicos – coisas como praticar gratidão, estar presente em nossas atividades diárias e questionar nossos pensamentos.

Além disso, alguns desafios que enfrentamos tornam menos provável que usemos as estratégias úteis para nós. Por exemplo, a desesperança da depressão pode nos dizer que "não faz sentido" fazer as coisas que na verdade nos levariam a melhorar. Ter um plano escrito torna mais fácil lembrar as ferramentas de que precisamos.

Zach tendia a pensar visualmente, então criou um plano integrado que ficou assim:

Zach via o pensamento saudável como central para se sentir bem e reconhecia de que modo seus pensamentos influenciavam sua disposição de fazer outras coisas que contribuíam com sua recuperação. Essas atividades, por sua vez, reforçavam seus padrões saudáveis de pensamento. Ele descobriu que o mindfulness tinha enriquecido cada uma dessas práticas e, assim, colocou todas elas no contexto da presença consciente.

Ao sintetizar as estratégias que achou úteis, pense sobre como elas se relacionam. Note quais "círculos virtuosos" você criou, em que mudanças positivas se reforçam mutuamente. Por exemplo, a atividade física pode tornar mais fácil comer bem, o que, por sua vez, melhora sua energia, tornando mais fácil se exercitar. Não há formato errado para seu plano escrito. Ele só deve incluir os lembretes-chave de que você precisará, organizados de forma que faça sentido quando você voltar a eles.

Também espero que este livro seja um recurso ao qual você volte conforme necessário. Encorajo você a fazer anotações, sublinhar passagens e dobrar orelhas em páginas que gostaria de rever.

Ainda mais importante é o aprendizado pessoal que você adquiriu sobre o que funciona melhor para você – minha expectativa é de que esse seja seu melhor recurso. Espero que você esteja se sentindo mais confiante na sua capacidade de lidar com qualquer dificuldade que enfrentar. Só esse conhecimento já pode diminuir muito o sofrimento.

Junto com um registro escrito do que funciona para você, sugiro que tenha uma frase ou *slogan* fácil de lembrar que capture as ferramentas disponíveis. Gosto de "Pensar, Agir, Ser", já que representa as principais estratégias da TCC. Você pode usar esse ou inventar um próprio para se lembrar daquilo que lhe ajudou antes.

O que fazer se ainda estiver sofrendo

Caso não tenha feito o progresso esperado na direção dos seus objetivos, você tem várias opções.

- **Pense se está no caminho certo – tendo feito algum progresso – e simplesmente tem mais trabalho a fazer.** Se for esse o caso, continue fazendo as coisas que lhe ajudaram até agora e considere adicionar outras estratégias. Chegar a um lugar significativamente melhor leva tempo e prática.
- **Alternativamente, pode ser que este livro não seja o mais adequado para você.** Talvez suas preocupações estejam voltadas principalmente para um conflito no seu casamento que exige terapia de casal, ou talvez você precise de mais orientação trabalhando diretamente com um terapeuta. Qualquer que seja o caso, eu lhe encorajo a continuar buscando a ajuda de que precisa. Incluí recursos no fim do livro para que você encontre um terapeuta, além de sites e livros adicionais que podem ser úteis.
- **Se, em qualquer ponto, você achar que seus problemas estão piorando, não melhorando, busque ajuda profissional imediatamente.** Você pode pedir

140 Terapia cognitivo-comportamental

uma indicação de profissional de saúde mental para seu clínico geral. Também ofereço links para encontrar ajuda na seção Recursos. Se você acha que pode ser um perigo para si mesmo ou outras pessoas, vá ao pronto-socorro mais próximo ou ligue para 190.

Para onde ir agora?

Se está feliz com o progresso que fez, o que vem depois? Primeiro, eu encorajo você a se sentir bem com o que conquistou. É preciso coragem e determinação para perseverar quando a vida está difícil, e não é pouca coisa aprender novas habilidades para viver melhor.

Se você acha que fez progressos consideráveis em direção a seus objetivos, peço que não se limite. Quando o pior das dificuldades passa, ficamos numa posição melhor para nos perguntar como seria prosperar. Quais novos objetivos você poderia colocar para si mesmo? Talvez esteja contemplando uma mudança profissional ou queira tornar sua vida doméstica melhor do que jamais foi.

Mesmo se aceitando exatamente como é, lembre-se de que o crescimento é um processo contínuo, e podemos continuar a melhorar nossa experiência. Por que se contentar com só sobreviver? Você pode usar o pensamento correto, a ação correta e a consciência plenamente atenta não só para consertar coisas quebradas, mas para construir uma vida que você ame.

Ficando bem

É natural, quando estamos nos sentindo melhor, parar de investir tanto em nosso bem-estar. Recomendo fortemente que você resista a essa tendência e continue fazendo as coisas que o ajudaram. Agora é um bom momento para avaliar o que será importante continuar a fazer. Também sugiro que você tente prever alguns potenciais obstáculos que queira evitar. No espírito da TCC, podemos nos preparar com antecedência para circunstâncias que nos desafiarão.

> Zach sabia que os meses de inverno que estavam chegando não só ofereciam menos horas de sol, mas também o tornavam menos propenso a se exercitar e a socializar. Com os dias de outono ficando mais curtos, ele começou a fazer planos para passar pelo inverno, como se matricular numa piscina coberta e agendar momentos com amigos.
>
> Também falou com Lisa sobre suas intenções para o inverno, para ela poder apoiar os esforços dele e ele ter mais responsabilidade sobre elas. Saber que tinha um plano também diminuiu a preocupação dele com os meses de inverno.

Quais situações em sua vida poderiam levar a um retrocesso sem a preparação adequada? Tire um tempo para escrever um plano a fim de lidar com elas.

Pensamentos finais

Gostaria de deixar você com alguns pontos essenciais em mente. Primeiro, lembre-se de que vale a pena cuidar de si mesmo. Nossa sociedade, em grande parte, trata o autocuidado como um luxo autoindulgente, quando, na verdade, ele não só é essencial para seu bem-estar como também beneficia as pessoas da sua vida.

Nessa linha, espero que você se cerque de pessoas que gostam de você e despertam seu melhor, e que alimente suas conexões mais íntimas. Poucas coisas têm tanto impacto em nosso bem-estar quanto a qualidade de nossos relacionamentos; se eles forem fortes, sustentarão você em qualquer situação.

Não importa o que você esteja passando, faça todo esforço para servir os outros. Assim como o autocuidado não é egoísta, servir não é realmente um autossacrifício, e nos ajuda sobretudo quando estamos sofrendo.

E, finalmente, lembre-se de praticar a gratidão sempre que possível, pois é uma das coisas mais gentis que você pode fazer por si mesmo. Lembre-se de tudo o que tem, mesmo quando as coisas estão longe de serem perfeitas. A gratidão não nega nossos problemas, mas alivia o peso deles.

Nesse espírito, sou grato por você ter dedicado tempo a ler este livro. Continue trabalhando. Continue usando sua mente, suas ações e sua presença para ser a pessoa que quer ser. Desejo-lhe o melhor ao continuar sua jornada.

Recursos

Recursos *on-line* [em inglês]

Visite os seguintes recursos *on-line* para melhorar seu aprendizado, encontrar ajuda professional e mergulhar mais fundo em tratamentos e técnicas.

Informações gerais

Anxiety and Depression Association of America (ADAA)
http://www.adaa.org/understanding-anxiety
O site da ADAA discute o que distingue ansiedade e depressão normais de um transtorno, fornece estatísticas sobre essas doenças e tem informações sobre TOC e TEPT.

Mayo Clinic Healthy Lifestyle
www.mayoclinic.org/healthy-lifestyle
A Mayo Clinic oferece visões gerais sobre alimentação saudável, boa forma, administração do estresse, perda de peso e outros assuntos. Mais artigos aprofundados estão disponíveis em cada tópico.

National Institute of Mental Health (NIMH)
Ansiedade: www.nimh.nih.gov/health/topics/anxiety-disorders/index.shtml
Depressão: www.nimh.nih.gov/health/topics/depression/index.shtml
Esses sites descrevem sintomas comuns de depressão e ansiedade, discutem fatores de risco e tratamentos, bem como debatem como encontrar estudos clínicos para os quais você pode se qualificar. Também incluem links para livretos e brochuras gratuitos.

National Institute on Alcohol Abuse and Alcoholism (NIAAA)
www.niaaa.nih.gov
O site do NIAAA fornece informação sobre os efeitos do consumo de álcool, descreve estudos clínicos correntes e inclui informações sobre estudos clínicos para os quais você pode ser elegível. Também traz links para panfletos, brochuras e informativos gratuitos.

Procurando ajuda: grupos de apoio e tratamento

Anxiety and Depression Association of America (ADAA)
www.adaa.org/supportgroups
Nos Estados Unidos, a ADAA fornece informações sobre grupos de apoio por estado (bem como algumas listagens internacionais), incluindo informação de contato para alguns desses grupos.

Find a CBT Therapist (Encontre um terapeuta de TCC) – Association for Behavioral and Cognitive Therapies (ABCT)
www.findcbt.org
Esse site da principal organização profissional para terapeutas e pesquisadores de TCC permite a procura de terapeutas por código postal, especialidade e seguro de saúde, nos Estados Unidos e Canadá.

National Alliance on Mental Illness (NAMI)
www.nami.org/Find-Support
O site da NAMI oferece formas de achar apoio se você ou um ente querido tiver um transtorno psicológico. Há muitos recursos adicionais disponíveis, incluindo links para capítulos regionais da NAMI.

Centro de Valorização da Vida
www.cvv.org.br
Oferece apoio gratuito e confidencial 24 horas por dia, todos os dias do ano. Opções *on-line* também estão disponíveis.

Tratamentos psicológicos – Association for Behavioral and Cognitive Therapies (ABCT)
www.abct.org/Information/?m=mInformation&fa=_psychoTreatments
Esse site aborda tópicos como prática baseada em evidências, opções de tratamento e escolha de um terapeuta.

Tratamentos baseados em pesquisa – Society of Clinical Psychology (SCP)
www.div12.org/psychological-treatments/
A Divisão 12 da Associação Americana de Psicologia mantém uma lista de tratamentos psicológicos comprovados por pesquisas. É possível fazer buscas no site por tratamento e por condição psicológica.

Substance Abuse and Mental Health Services Administration (SAMHSA)
www.findtreatment.samhsa.gov/
A SAMHSA faz parte do Departamento de Serviços de Saúde e Humanos dos Estados Unidos e oferece muitos recursos para quem está sofrendo com vícios, incluindo um localizador de serviços de tratamento.

Mindfulness

American Mindfulness Research Association (AMRA)
www.goamra.org
A AMRA apresenta as últimas descobertas das pesquisas sobre *mindfulness*, além de um mapa interativo para achar programas de treinamento na técnica.

Mindfulnet
www.mindfulnet.org/index.htm
Esse site é uma central de informações sobre *mindfulness*: o que é, como se usa, pesquisas que o embasam e mais.

Livros

Muitos destes livros estão na lista de Livros de Mérito da Association for Behavioral and Cognitive Therapy, o que quer dizer que apresentam tratamentos baseados em sólidas evidências de pesquisa. A lista completa está em www.abct.org/SHBooks.

Vício

Anderson, Kenneth. *How to Change Your Drinking: A Harm Reduction Guide to Alcohol.*
Glasner-Edwards, Suzette. *The Addiction Recovery Skills Workbook: Changing Addictive Behaviors Using CBT, Mindfulness, and Motivational Interviewing Techniques.*

Williams, Rebecca E. e Kraft, Julie S. *The Mindfulness Workbook for Addiction: A Guide to Coping with the Grief, Stress and Anger That Trigger Addictive Behaviors.*
Wilson, Kelley e DuFrene, Troy. *The Wisdom to Know the Difference: An Acceptance and Commitment Therapy Workbook for Overcoming Substance Abuse.*

Raiva

Karmin, Aaron. *Anger Management Workbook for Men: Take Control of Your Anger and Master Your Emotions.*
McKay, Matthew e Rogers, Peter. *The Anger Control Workbook.*
Potter-Efron, Ronald. *Rage: A Step-by-Step Guide to Overcoming Explosive Anger.*
Scheff, Leonard e Edmiston, Susan. *A vaca no estacionamento: um guia para superar a raiva e controlar melhor as emoções.*

Ansiedade

Antony, Martin M. e Swinson, Richard P. *The Shyness and Social Anxiety Workbook: Proven Techniques for Overcoming Your Fears.*
Carbonell, David. *Panic Attacks Workbook: A Guided Program for Beating the Panic Trick.*
Clark, David A. e Beck, Aaron T. *Vencendo a Ansiedade e a Preocupação com a Terapia Cognitivo-Comportamental – Tratamentos que Funcionam: Manual do Paciente.*
Cuncic, Arlin. *The Anxiety Workbook: A 7-Week Plan To Overcome Anxiety, Stop Worrying, and End Panic.*
Robichaud, Melisa e Dugas, Michel J. *The Generalized Anxiety Disorder Workbook: A Comprehensive CBT Guide for Coping with Uncertainty, Worry, and Fear.*
Tolin, David. *Face Your Fears: A Proven Plan to Beat Anxiety, Panic, Phobias, and Obsessions.*
Tompkins, Michael A. *Anxiety and Avoidance: A Universal Treatment for Anxiety, Panic, and Fear.*

Assertividade

Alberti, Robert e Emmons, Michael. *Como se tornar mais confiante e assertivo: aprenda a defender suas ideias com tranquilidade e segurança.*
Vavrichek, Sherrie. *The Guide to Compassionate Assertiveness: How to Express Your Needs and Deal with Conflict While Keeping a Kind Heart.*

Depressão

Addis, Michael E. e Martell, Christopher R. *Overcoming Depression One Step at a Time: The New Behavioral Activation Approach to Getting Your Life Back.*
Burns, David D. *Antidepressão: a revolucionária terapia do bem-estar.*
Greenberger, Dennis e Padesky, Christine A. *A mente vencendo o humor: mude como você se sente mudando o modo como você pensa.*
Joiner, Thomas Jr. e Pettit, Jeremy. *The Interpersonal Solution to Depression: A Workbook for Changing How You Feel by Changing How You Relate.*
Rego, Simon e Fader, Sarah. *The 10-Step Depression Relief Workbook: A Cognitive Behavioral Therapy Approach.*

Depressão e ansiedade

Davis, Martha, Eshelman, Elizabeth Robbins e McKay, Matthew. *The Relaxation and Stress Reduction Workbook*, 6. ed.
Ellis, Albert e Harper, Robert A. *A New Guide to Rational Living.*
Gillihan, Seth J. *Retrain Your Brain: Cognitive Behavioral Therapy in 7 Weeks: A Workbook for Managing Depression and Anxiety.*
Otto, Michael e Smits, Jasper. *Exercise for Mood and Anxiety: Proven Strategies for Overcoming Depression and Enhancing Well-Being.*

Mindfulness

Brach, Tara. *Radical Acceptance: Embracing Your Life with the Heart of a Buddha.*
Germer, Christopher K. *The Mindful Path to Self-Compassion: Freeing Yourself from Destructive Thoughts and Emotions.*
Kabat-Zinn, Jon. *Viver a catástrofe total: como utilizar a sabedoria do corpo e da mente para enfrentar o estresse, a dor e a doença.*
Orsillo, Susan M. e Roemer, Lizabeth. *The Mindful Way Through Anxiety: Break Free from Chronic Worry and Reclaim Your Life.*
Salzberg, Sharon. *Lovingkindness: The Revolutionary Art of Happiness.*
Teasdale, John D. e Segal, Zindel V. *The Mindful Way Through Depression: Freeing Yourself from Chronic Unhappiness.*

Relacionamentos

Gottman, John e DeClaire, Joan. *The Relationship Cure: A Five-Step Guide to Strengthening Your Marriage, Family, and Friendships.*

Mckay, Matthew, Fanning, Patrick e Paleg, Kim. *Couple Skills: Making Your Relationship Work.*
Richo, David. *How to Be an Adult in Relationships: The Five Keys to Mindful Loving.*
Ruiz, Don Miguel. *The Mastery of Love: A Practical Guide to the Art of Relationship.*

Autocuidado

Brown, Brené. *A coragem de ser imperfeito: como aceitar a própria vulnerabilidade e ousar ser quem você é.*
Neff, Kristin. *Autocompaixão: pare de se torturar e deixe a insegurança para trás.*

Sono

Carney, Colleen. *Quiet Your Mind and Get to Sleep: Solutions to Insomnia for Those with Depression, Anxiety, or Chronic Pain.*
Ehrnstrom, Colleen e Brosse, Alisha L. *End the Insomnia Struggle: A Step-by-Step Guide to Help You Get to Sleep and Stay Asleep.*

Referências bibliográficas

Akbaraly, Tasnime N., Brunner, Eric J., Ferrie, Jane E., Marmot, Michael G., Kivimäki, Mika e Singh-Manoux, Archana. "Dietary Pattern and Depressive Symptoms in Middle Age". *The British Journal of Psychiatry*, v. 195, n. 5, p. 408-413, out. 2009. doi: 10.1192/bjp.bp.108.058925.

Akbaraly, Tasnime N., Kerleau, Clarisse, Wyart, Marilyn, Chevallier, Nathalie, Ndiaye, Louise, Shivappa, Nitin, Hébert, James R. e Kivimäki, Mika. "Dietary Inflammatory Index and Recurrence of Depressive Symptoms: Results from the Whitehall II Study". *Clinical Psychological Science*, v. 4, n. 6, p. 1125-1134, nov. 2016. doi: 10.1177/2167702616645777.

Alcock, Ian, White, Mathew P., Wheeler, Benedict W., Fleming, Lora E. e Depledge, Michael H. "Longitudinal Effects on Mental Health of Moving to Greener and Less Green Urban Areas". *Environmental Science & Technology*, v. 48, n. 2, p. 1247-1255, 2014. doi: 10.1021/es403688w.

America Psychiatric *Association. Diagnostic and Statistical Manual of Mental Disorders, 5. ed. (DSM-5).* Arlington, VA: American Psychiatric Association Publishing, 2013.

Anderson, Kristen Joan. "Impulsivity, Caffeine, and Task Difficulty: A Within-Subjects Test of the Yerkes–Dodson Law". *Personality and Individual Differences*, v. 16, n. 6, p. 813-829, jun. 1994. doi: 10.1016/0191-8869(94)90226-7.

Arias-Carrión, Oscar, Stamelou, Maria, Murillo-rodríguez, Eric, Menéndez-González, Manuel e Pöppel, Ernst. "Dopaminergic Reward System: A Short Integrative Review". *International Archives of Medicine*, v. 3, n. 1, p. 24, 2010. doi: 10.1186/1755-7682-3-24.

Asmundson, Gordon J. G., Fretzner, Mathew G., Deboer, Lindsey B., Powers, Mark B., Otto, Michael W. e Smits, Jasper A. J. "Let's Get Physical: A Contemporary Review of the Anxiolytic Effects of Exercise for Anxiety and Its Disorders". *Depression and Anxiety*, v. 30, n. 4, p. 362-373, abr. 2013. doi:10.1002/da.22043.

Barlow, David H., Gorman, Jack M., Shear, M. Katherine e Woods, Scott W. "Cognitive-Behavioral Therapy, Imipramine, or Their Combination for Panic Disorder: A Randomized Controlled Trial". *Journal of the American Medical Association*, v. 283, n. 19, p. 2529-2536, 2000. doi: 10.1001/jama.283.19.2529.

Barth, Jürgen, Schumacher, Martina e Herrmann-Lingen, Christoph. "Depression as a Risk Factor for Mortality in Patients with Coronary Heart Disease: A Meta-Analysis". *Psychosomatic Medicine*, v. 66, n. 6 p. 802-813, nov./dez. 2004. doi: 10.1097/01.psy.0000146332.53619.b2.

Barlett, Monica Y. e Desteno, David. "Gratitude and Prosocial Behavior: Helping When It Costs You". *Psychological Science*, v. 17, n. 4, p. 319-325, abr. 2006. doi: 10.1111/j.1467-9280.2006.01705.x.

Be, Daniel, Whisman, Mark A. e Uebelacker, Lisa A. "Prospective Associations Between Marital Adjustment and Life Satisfaction". *Personal Relationships*, v. 20, n. 4, p. 728-739, dez. 2013. doi: 10.1111/pere.12011.

Beck, Aaron T. *Cognitive Therapy and the Emotional Disorders*. Nova York: Penguin Books, 1979.

_____. *Prisoners of Hate: The Cognitive Basis of Anger, Hostility, and Violence*. Nova York: Harper-Collins Publishers, 1999.

Beck, Aaron T., Butler, Andrew C., Brown, Gregory K., Dahlsgaard, Katherine K., Newman, Cory F. e Beck, Judith S. "Dysfunctional Beliefs Discriminate Personality Disorders". *Behaviour Research and Therapy*, v. 39, n. 10, p. 1213-1225, 2001.

Beck, Aaron T., Rush, A. John, Shaw, Brian F. e Emery, Gary. *Cognitive Therapy of Depression*. Nova York: Guilford Press, 1979.

Beck, Judith S. *Cognitive Behavior Therapy: Basics and Beyond*. 2. ed. Nova York: Guilford Press, 2011.

Beck, Richard e Fernandez, Ephrem. "Cognitive-Behavioral Therapy in the Treatment of Anger: A Meta-Analysis". *Cognitive Therapy and Research*, v. 22, n. 1, p. 63-74, fev. 1998.

Bergmans, Rachel S. e Malecki, Kristen M. "The Association of Dietary Inflammatory Potential with Depression and Mental Well-Being Among US Adults". *Preventive Medicine*, v. 99, p. 313-319, mar. 2017. doi: 10.1016/j.ypmed.2017.03.016.

Bratman, Gregory N., Hamilton, J. Paul, Hahn, Kevin S., Daily, Gretchen C. e Gross, James J. "Nature Experience Reduces Rumination and Subgenual Prefrontal Cortex Activation". *Proceedings of the National Academy of Sciences*, v. 112, n. 28, p. 8567-8572, jul. 2015. doi: /10.1073/pnas.1510459112.

Brown, Daniel K., Barton, Jo L. e Gladwell, Valerie F. "Viewing Nature Scenes Positively Affects Recovery of Autonomic Function Following Acute-Mental Stress". *Environmental Science & Technology*, v. 47, n. 11, p. 5562-5569, jun. 2013. doi: 10.1021/es305019p.

Brown, Emma M., Smith, Debbie M., Epton, Tracy e Armitage, Christopher J. "Do Self-Incentives Change Behavior? A Systematic Review and Meta-Analysis". *Behavior Therapy*, v. 49, n. 1, p. 113-123, 2018. doi: 10.1016/j.beth.2017.09.004.

Burns, David D. *The Feeling Good Handbook*. Nova York: Plume/Penguin Books, 1999.

Carson, Rachel. *Silent Spring*. Nova York: Houghton Mifflin Harcourt, 2002.

Chiesa, Alberto e Serretti, Alessandro. "Mindfulness-Based Stress Reduction for Stress Management in Healthy People: A Review and Meta-Analysis". *The Journal of Alternative and Complementary Medicine*, v. 15, n. 5, p. 593-600, maio 2009. doi: 10.1089/acm.2008.0495.

Cooney, Gary M., Dwan, Kerry, Greig, Carolyn A., Lawlor, Debbie A., Rimer, Jane, Waugh, Fiona R., McMurdo, Marion e Mead, Gillian E. "Exercise for Depression". *Cochrane Database of Systematic Reviews*, n. 9, set. 2013. doi:10.1002/14651858.CD004366.pub6.

Craske, Michelle G. e Barlow, David H. *Mastery of Your Anxiety and Panic: Workbook*, 4a ed. Nova York: Oxford University Press, 2006.

Crocker, Jennifer e Canevello, Amy. "Creating and Undermining Social Support in Communal Relationships: The Role of Compassionate and Self-Image Goals". *Journal of Personality and Social Psychology*, v. 95, n. 3, p. 555-575, set. 2008. doi: 10.1037/0022-3514.95.3.555.

Cuijpers, Pim, Donker, Tara, Van Straten, Annemieke, Li, J. e Andersson, Gerhard. "Is Guided Self-Help as Effective as Face-to-Face Psychotherapy for Depression and Anxiety Disorders? A

Systematic Review and Meta-Analysis of Comparative Outcome Studies". *Psychological Medicine*, v. 40, n. 12, p. 1943-1957, dez. 2010. doi: 10.1017/ S0033291710000772.

Davis, Daphne M. e Hayes, Jeffrey A. "What Are the Benefits of Mindfulness? A Practice Review of Psychotherapy-Related Research". *Psychotherapy*, v. 48, n. 2, p. 198-208, 2011.

Derks, Daantje e Bakker, Arnold B. "Smartphone Use, Work–Home Interference, and Burnout: A Diary Study on the Role of Recovery". *Applied Psychology*, v. 63, n. 3, p. 411-440, jul. 2014. doi: 10.1111/j.1464-0597.2012.00530.x.

DeRubeis, Robert J., Hollon, Steven D., Amsterdam, Jay D., Shelton, Richard C., Young, Paula R., Salomon, Ronald M., O'Reardon, John P., Lovett, Margaret L., Gladis, Madeline M., Brown, Laurel L. e Gallop, Robert. "Cognitive Therapy vs Medications in the Treatment of Moderate to Severe Depression". *Archives of General Psychiatry*, v. 62, n. 4, p. 409-416, 2005. doi: 10.1001/archpsyc.62.4.409.

Derubeis, Robert J., Webb, Christian A., Tang, Tony Z. e Beck, Aaron T. "Cognitive Therapy". In: Dobson, Keith S. (ed.). *Handbook of Cognitive-Behavioral Therapies*. 3. ed. Nova York: Guilford Press, 2001, p. 349-392.

Diamond, David M., Campbell, Adam M., Park, Collin R., Halonen, Joshua e Zoladz, Phillip R. "The Temporal Dynamics Model of Emotional Memory Processing: A Synthesis on the Neurobiological Basis of Stress-Induced Amnesia, Flashbulb and Traumatic Memories, and the Yerkes–Dodson Law". *Neural Plasticity*, 2007. doi: 10.1155/2007/60803.

Division 12 of the American Psychological Association. "Research-Supported Psychological Treatments". Disponível em: https://www.div12.org/psychological-treatments. Acesso em: 15 nov. 2017.

Ekers, David, Webster, Lisa, Van Straten, Annemieke, Cuijpers, Pim, Richards, David e Gilbody, Simon. "Behavioural Activation for Depression: An Update of Meta-Analysis of Effectiveness and Sub Group Analysis". *PloS One*, v. 9, n. 6, e100100, jun. 2014. doi: 10.1371/journal.pone.0100100.

Ellenbogen, Jeffrey M., Payne, Jessica D. e Stickgold, Robert. "The Role of Sleep in Declarative Memory Consolidation: Passive, Permissive, Active or None?". *Current Opinion in Neurobiology*, v. 16, n. 6, p. 716-722, dez. 2006. doi: 10.1016/j.conb.2006.10.006.

Ellis, Albert. *Reason and Emotion in Psychotherapy*. Secaucus, NJ: Citadel Press, 1962.

Emmons, Robert A. e McCullough, Michael E. "Counting Blessings Versus Burdens: An Experimental Investigation of Gratitude and Subjective Well-Being in Daily Life". *Journal of Personality and Social Psychology*, v. 84, n. 2, p. 377-389, fev. 2003.

Erickson, Thane M., Granillo, M. Teresa, Crocker, Jennifer, Abelson, James L., Reas, Hannah E. e Quach, Christina M. "Compassionate and Self-Image Goals as Interpersonal Maintenance Factors in Clinical Depression and Anxiety". *Journal of Clinical Psychology*, set. 2017. doi: 10.1002/jclp.22524.

Felmingham, Kim, Kemp, Andrew, Williams, Leanne, Das, Pritha, Hughes, Gerard, Peduto, Anthony e Bryant, Richard. "Changes in Anterior Cingulate and Amygdala After Cognitive Behavior Therapy of Posttraumatic Stress Disorder". *Psychological Science*, v. 18, n. 2, p. 127-129, fev. 2007.

Fox, Jesse e Moreland, Jennifer J. "The Dark Side of Social Networking Sites: An Exploration of the Relational and Psychological Stressors Associated with Facebook Use and Affordances". *Computers in Human Behavior*, v. 45, p. 168-176, abr. 2015. doi: 10.1016/j.chb.2014.11.083.

Francis, Kylie e Dugas, Michel J. "Assessing Positive Beliefs About Worry: Validation of a Structured Interview". *Personality and Individual Differences*, v. 37, n. 2, p. 405-415, jul. 2004. doi: 10.1016/j.paid.2003.09.012.

Gillihan, Seth J., Detre, John A., Farah, Martha J. e Rao, Hengyi. "Neural Substrates Associated with Weather-Induced Mood Variability: An Exploratory Study Using ASL Perfusion fMRI". *Journal of Cognitive Science*, v. 12, n. 2, p. 195-210, 2011.

Gillihan, Seth J., Rao, Hengyi, Wang, Jiongjiong, Detre, John A., Breland, Jessica, Sankoorikal, Geena Mary V., Brodkin, Edward S. e Farah, Martha J. "Serotonin Transporter Genotype Modulates Amygdala Activity During Mood Regulation". *Social Cognitive and Affective Neuroscience*, v. 5, n. 1, p. 1-10, mar. 2010. doi: 10.1093/scan/nsp035.

Gillihan, Seth J., Xia, Chenjie, Padon, Alisa A., Heberlein, Andrea S., Farah, Martha J. e Fellows, Lesley K. "Contrasting Roles for Lateral and Ventromedial Prefrontal Cortex in Transient and Dispositional Affective Experience". *Social Cognitive and Affective Neuroscience*, v. 6, n. 1, p. 128-137, jan. 2011. doi: 10.1093/scan/nsq026.

Grant, Adam. *Originals: How Non-Conformists Move the World*. Nova York: Penguin, 2017.

Grant, Joshua A., Duerden, Emma G., Courtemanche, Jérôme, Cherkasova, Mariya, Duncan, Gary H. e Rainville, Pierre. "Cortical Thickness, Mental Absorption and Meditative Practice: Possible Implications for Disorders of Attention". *Biological Psychology*, v. 92, n. 2, p. 275-281, 2013.

Hartig, Terry, Mitchell, Richard, De Vries, Sjerp e Frumkin, Howard. "Nature and Health". *Annual Review of Public Health*, v. 35, p. 207-228, 2014. doi: 10.1146/annurev-publhealth-032013-182443.

Hellström, Kerstin e Öst, Lars-Göran. "One-Session Therapist Directed Exposure vs Two Forms of Manual Directed Self-Exposure in the Treatment of Spider Phobia". *Behaviour Research and Therapy*, v. 33, n. 8, p. 959-965, nov. 1995. doi: 1016/0005-7967(95)00028-V.

Hirshkowitz, Max, Whiton, Kaitlyn, Albert, Steven M., Alessi, Cathy, Bruni, Oliviero, Doncarlos, Lydia, Hazen, Nancy, et al. "National Sleep Foundation's Sleep Time Duration Recommendations: Methodology and Results Summary". *Sleep Health*, v. 1, n. 1, p. 40-43, 2015. doi: 10.1016/j.sleh.2014.12.010.

Hofmann, Stefan G., Asnaani, Anu, Vonk, Imke J. J., Sawyer, Alice T. e Fang, Angela. "The Efficacy of Cognitive Behavioral Therapy: A Review of Meta-Analyses". *Cognitive Therapy and Research*, v. 36, n. 5, p. 427-440, out. 2012. doi: 10.1007/s10608-012-9476-1.

Hofmann, Stefan G., Sawyer, Alice T., Witt, Ashley A. e Oh, Diana. "The Effect of Mindfulness-Based Therapy on Anxiety and Depression: A Meta-Analytic Review". *Journal of Consulting and Clinical Psychology*, v. 78, n. 2, p. 169-183, abr. 2010. doi: 10.1037/a0018555.

Hollon, Steven D., Derubeis, Robert J., Shelton, Richard C., Amsterdam, Jay D., Salomon, Ronald M., O'Reardon, John P., Lovett, Margaret L., et al. "Prevention of Relapse Following Cognitive Therapy vs Medications in Moderate to Severe Depression". *Archives of General Psychiatry*, v. 62, n. 4, p. 417-422, abr. 2005. doi: 10.1001/archpsyc.62.4.417.

Irwin, Michael R., Wang, Minge, Campomayor, Capella O., Collado-Hidalgo, Alicia e Cole, Steve. "Sleep Deprivation and Activation of Morning Levels of Cellular and Genomic Markers of Inflammation". *Archives of Internal Medicine*, v. 166, n. 16, p. 1756-1762, 2006. doi: 10.1001/archinte.166.16.1756.

Jacka, Felice N., Pasco, Julie A., Mykletun, Arnstein, Williams, Lana J., Hodge, Allison M., O'Reilly, Sharleen Linette, Nicholson, Geoffrey C., Kotowicz, Mark A. e Berk, Michael. "Association of Western and Traditional Diets with Depression and Anxiety in Women". *American Journal of Psychiatry* v. 167, n. 3, p. 305-311, mar. 2010. doi: 10.1176/ appi.ajp.2009.09060881.

James, William. *On Vital Reserves: The Energies of Men. The Gospel of Relaxation*. Nova York: Henry Holt and Company, 1911.

Jeanne, Miranda, Gross, James J., Persons, Jacqueline B. e Hahn, Judy. "Mood Matters: Negative Mood Induction Activates Dysfunctional Attitudes in Women Vulnerable to Depression". *Cognitive Therapy and Research*, v. 22, n. 4, p. 363-376, ago. 1998. doi: 10.1023/A:1018709212986.

Kabat-Zinn, Jon, Lipworth, Leslie e Burney, Robert. "The Clinical Use of Mindfulness Meditation for the Self-Regulation of Chronic Pain". *Journal of Behavioral Medicine*, v. 8, n. 2, p. 163-190, 1985.

Kaplan, Bonnie J., Rucklidge, Julia J., Romijn, Amy e McLeod, Kevin. "The Emerging Field of Nutritional Mental Health: Inflammation, the Microbiome, Oxidative Stress, and Mitochondrial Function". *Clinical Psychological Science*, v. 3, n. 6, p. 964-980, 2015.

Kessler, Ronald C., Berglund, Patricia, Demler, Olga, Jin, Robert, Koretz, Doreen, Merikangas, Kathleen R., Rush, A. John, Walters, Ellen E. e Wang, Philip S. "The Epidemiology of Major Depressive Disorder: Results from the National Comorbidity Survey Replication (NCS-R)". *Journal of the American Medical Association*, v. 289, n. 23, p. 3095-3105, jun. 2003. doi: 10.1001/jama.289.23.3095.

Kessler, Ronald C., Berglund, Patricia, Demler, Olga, Jin, Robert, Merikangas, Kathleen R. e Walters, Ellen E. "Lifetime Prevalence and Age-of-Onset Distributions of DSM-IV Disorders in the National Comorbidity Survey Replication". *Archives of General Psychiatry*, v. 62, n. 6, p. 593-602, jun. 2005. doi: 10.1001/archpsyc.62.6.593.

Kessler, Ronald C., Chiu, Wai Tat, Jin, Robert, Ruscio, Ayelet Meron, Shear, Katherine e Walters, Ellen E. "The Epidemiology of Panic Attacks, Panic Disorder, and Agoraphobia in the National Comorbidity Survey Replication". *Archives of General Psychiatry*, v. 63, n. 4, p. 415-424, abr. 2006. doi:10.1001/archpsyc.63.4.415.

Kessler, Ronald C., Petukhova, Maria, Sampson, Nancy A., Zaslavsky, Alan M. e Wittchen, Hans Ullrich. "Twelve-Month and Lifetime Prevalence and Lifetime Morbid Risk of Anxiety and Mood Disorders in the United States". *International Journal of Methods in Psychiatric Research*, v. 21, n. 3, p. 169-184, set. 2012. doi:10.1002/mpr.1359.

Kessler, Ronald C., Ayelet Meron Ruscio, Katherine Shear e Hans-Ulrich Wittchen. "Epidemiology of Anxiety Disorders". In: Stein, Murray B. e Steckler, T. (eds.). *Behavioral Neurobiology of Anxiety and Its Treatment.* Heidelberg, Alemanha: Springer, 2009, p. 21-35.

Krogh, Jesper, Nordentoft, Merete, Sterne, Jonathan A. C. e Lawlor, Debbie A. "The Effect of Exercise in Clinically Depressed Adults: Systematic Review and Meta-Analysis of Randomized Controlled Trials". *The Journal of Clinical Psychiatry*, v. 72, n. 4, p. 529-538, abr. 2011. doi: 10.4088/JCP.08r04913blu.

Kross, Ethan, Verduyn, Philippe, Demiralp, Emre, Park, Jiyoung, Lee, David Seungjae, Lin, Natalie, Shablack, Holly, Jonides, John e Ybarra, Oscar. "Facebook Use Predicts Declines in Subjective Well-Being in Young Adults". *PloS One*, v. 8, n. 8, e69841, ago. 2013. doi: 10.1371/journal.pone.0069841.

Lai, Jun S., Hiles, Sarah, Bisquera, Alessandra, Hure, Alexis J., Mcevoy, Mark e Attia, John. "A Systematic Review and Meta-Analysis of Dietary Patterns and Depression in Community-Dwelling Adults". *The American Journal of Clinical Nutrition*, v. 99, n. 1, p. 181-197, jan. 2014. doi: 10.3945/ajcn.113.06988.

Ledoux, Joseph E. "Emotion: Clues from the Brain". *Annual Review of Psychology*, v. 46, n. 1, p. 209-235, 1995.

Lejuez, C. W., Hopko, Derek R., Acierno, Ron, Daughters, Stacey B. e Pagoto, Sherry L. "Ten-Year Revision of the Brief Behavioral Activation Treatment for Depression: Revised Treatment Manual". *Behavior Modification*, v. 35, n. 2, p. 111-161, fev. 2011.

Locke, Edwin A. e Latham, Gary P. "Building a Practically Useful Theory of Goal Setting and Task Motivation: A 35-Year Odyssey". *American Psychologist*, v. 57, n. 9, p. 705-717, 2002. doi: 10.1037/0003-066X.57.9.705.

Ma, S. Helen e Teasdale, John D. "Mindfulness-Based Cognitive Therapy for Depression: Replication and Exploration of Differential Relapse Prevention Effects". *Journal of Consulting and Clinical Psychology*, v. 72, n. 1, p. 31-40, fev. 2004. doi: 10.1037/0022-006X.72.1.31.

Minkel, Jared D., Banks, Siobhan, Htaik, Oo, Moreta, Marisa C., Jones, Christopher W., McGlinchey, Eleanor, Simpson, Norah S. e Dinges, David F. "Sleep Deprivation and Stressors: Evidence for Elevated Negative Affect in Response to Mild Stressors When Sleep Deprived". *Emotion*, v. 12, n. 5, p. 1015-1020, out. 2012. doi: 10.1037/a0026871.

Mitchell, Matthew D., Gehrman, Philip, Perlis, Michael e Umscheid, Craig A. "Comparative Effectiveness of Cognitive Behavioral Therapy for Insomnia: A Systematic Review". *BMC Family Practice*, v. 13, p. 1-11, maio 2012. doi: 10.1186/1471-2296-13-40.

Nelson, Julia e Harvey, Allison G. "An Exploration of Pre-Sleep Cognitive Activity in Insomnia: Imagery and Verbal Thought". *British Journal of Clinical Psychology*, v. 42, n. 3, p. 271-288, set. 2003.

Nemeroff, Charles B., Bremner, J. Douglas, Foa, Edna B., Mayberg, Helen S., North, Carol S. e Stein, Murray B. "Posttraumatic Stress Disorder: A State-of-the-Science Review". *Journal of Psychiatric Research*, v. 40, n. 1, p. 1-21, 2006. doi: 10.1016/j.jpsychires.2005.07.005.

National Institute of Mental Health. "Mental Health Medications". Disponível em: https://www.nimh.nih.gov/health/topics/mental-health-medications/index.shtml. Acesso em: 21 nov. 2017.

National Institute of Mental Health. "Mental Health Statistics." Acesso em 10 de novembro de 2017. https://www.nimh.nih.gov/health/topics/index.shtml.

O'Connell, Brenda H., O'Shea, Deirdre e Gallagher, Stephen. "Feeling Thanks and Saying Thanks: A Randomized Controlled Trial Examining If and How Socially Oriented Gratitude Journals Work". *Journal of Clinical Psychology*, v. 73, n. 10, p. 1280-1300, out. 2017. doi: 10.1002/jclp.22469.

Opie, R. S., Itsiopoulos, C., Parletta, N., Sánchez-Villegas, A., Akbaraly, T. N., Ruusunen, Anu e Jacka, F. N. "Dietary Recommendations for the Prevention of Depression". *Nutritional Neuroscience*, v. 20, n. 3, p. 161-171, abr. 2017. doi: 10.1179/1476830515Y.0000000043.

Öst, Lars-Göran. "One-Session Treatment of Specific Phobias". *Behaviour Research and Therapy*, v. 27, n. 1, p. 1-7, fev. 1989. doi: 10.1016/0005-7967(89)90113-7.

Owen, John M. "Transdiagnostic Cognitive Processes in High Trait Anger". *Clinical Psychology Review*, v. 31, n. 2, p. 193-202, 2011. doi: 10.1016/j.cpr.2010.10.003.

Parletta, Natalie, Zarnowiecki, Dorota, Cho, Jihyun, Wilson, Amy, Bogomolova, Svetlana, Villani, Anthony, Itsiopoulos, Catherine, et al. "A Mediterranean-Style Dietary Intervention Supplemented with Fish Oil Improves Diet Quality and Mental Health in People with Depression: A Randomized Controlled Trial (HELFIMED)". *Nutritional Neuroscience*, p. 1-14, 2017.

Piet, Jacob e Hougaard, Esben. "The Effect of Mindfulness-Based Cognitive Therapy for Prevention of Relapse in Recurrent Major Depressive Disorder: A Systematic Review and Meta-Analysis". *Clinical Psychology Review*, v. 31, n. 6, p. 1032-1040, ago. 2011. doi: 10.1016/j.cpr.2011.05.002.

Psychology Today. "Agoraphobia". Acesso em: 10 fev. 2017. https://www.psychologytoday.com/conditions/agoraphobia.

Rahe, Corinna e Berger, Klaus. "Nutrition and Depression: Current Evidence on the Association of Dietary Patterns with Depression and Its Subtypes". In: *Cardiovascular Diseases and Depression*, p. 279-304. Springer International Publishing, 2016.

Rao, Hengyi, Gillihan, Seth J., Wang, Jiongjiong, Korczykowski, Marc, Sankoorikal, Geena Mary V., Kaercher, Kristin A., Brodkin, Edward S., Detre, John A. e Farah, Martha J. "Genetic Variation in Serotonin Transporter Alters Resting Brain Function in Healthy Individuals". *Biological Psychiatry*, v. 62, n. 6, p. 600-606, 2007. doi: 10.1016/j.biopsych.2006.11.028.

Raposa, Elizabeth B., Laws, Holly B. e Ansell, Emily B. "Prosocial Behavior Mitigates the Negative Effects of Stress in Everyday Life". *Clinical Psychological Science*, v. 4, n. 4, p. 691-698, 2016.

Rotenstein, Aliza, Davis, Harry Z. e Tatum, Lawrence. "Early Birds Versus Just in-Timers: The Effect of Procrastination on Academic Performance of Accounting Students". *Journal of Accounting Education*, v. 27, n. 4, p. 223-232, 2009. doi: 10.1016/j.jaccedu.2010.08.001.

Rucklidge, Julia J. e Kaplan, Bonnie J. "Nutrition and Mental Health". *Clinical Psychological Science*, v. 4, n. 6, p. 1082-1084, 2016.

Saini, Michael. "A Meta-Analysis of the Psychological Treatment of Anger: Developing Guidelines for Evidence-Based Practice". *Journal of the American Academy of Psychiatry and the Law Online*, v. 37, n. 4, p. 473-488, 2009.

Salzman, C. Daniel e Fusi, Stefano. "Emotion, Cognition, and Mental State Representation in Amygdala and Prefrontal Cortex". *Annual Review of Neuroscience*, v. 33, p. 173-202, 2010. doi: 10.1146/annurev.neuro.051508.135256.

Sánchez-Villegas, Almudena, Ruéz-Canela, Miguel, Gea, Alfredo, Lahortiga, Francisca e Martínez--González, Miguel A. "The Association Between the Mediterranean Lifestyle and Depression". *Clinical Psychological Science*, v. 4, n. 6, p. 1085-1093, 2016.

Sapolsky, Robert M. *Why Zebras Don't Get Ulcers: The Acclaimed Guide to Stress, Stress-Related Diseases, and Coping*. Nova York: Holt Paperbacks, 2004.

Segal, Zindel V., GEmar, Michael e Williams, Susan. "Differential Cognitive Response to a Mood Challenge Following Successful Cognitive Therapy or Pharmacotherapy for Unipolar Depression". *Journal of Abnormal Psychology*, v. 108, n. 1, p. 3-10, 1999. doi: 10.1037/0021-843X.108.1.3.

Seligman, Martin E. P., Rashid, Tayyab e Parks, Acacia C. "Positive Psychotherapy". *American Psychologist*, v. 61, n. 8, p. 774-788, 2006. doi: 10.1037/0003-066X.61.8.774.

Selye, Hans. "A Syndrome Produced by Diverse Nocuous Agents". *Nature*, v. 138, n. 32, jul. 1936. doi: 10.1038/138032a0.

Stathopoulou, Georgia, Powers, Mark B., Berry, Angela C., Smits, Jasper A. J. e Otto, Michael W. "Exercise Interventions for Mental Health: A Quantitative and Qualitative Review". *Clinical Psychology: Science and Practice*, v. 13, n. 2, p. 179-193, maio 2006. doi: 10.1111/j.1468-2850.2006.00021.x.

Sugiyama, Takemi, Leslie, Eva, Giles-corti, Billie e Owen, Neville. "Associations of Neighbourhood Greenness with Physical and Mental Health: Do Walking, Social Coherence and Local Social Interaction Explain the Relationships?". *Journal of Epidemiology and Community Health*, v. 62, n. 5, e9, 2008.

Tang, Tony Z., DeRubeis, Robert J. "Sudden Gains and Critical Sessions in Cognitive-Behavioral Therapy for Depression". *Journal of Consulting and Clinical Psychology*, v. 67, n. 6, p. 894-904, 1999.

Tang, Tony Z., DeRubeis, Robert J., Hollon, Steven D., Amsterdam, Jay e Shelton, Richard. "Sudden Gains in Cognitive Therapy of Depression and Depression Relapse/Recurrence". *Journal of Consulting and Clinical Psychology*, v. 75, n. 3, p. 404-408, 2007. doi: 10.1037/0022-006X.75.3.404.

Teasdale, John D., Segal, Zindel V., Williams, J. Mark G. "How Does Cognitive Therapy Prevent Depressive Relapse and Why Should Attentional Control (Mindfulness) Training Help?". *Behaviour Research and Therapy*, v. 33, n. 1, p. 25-39, jan. 1995.

156 Terapia cognitivo-comportamental

Teasdale, John D., Segal, Zindel V., Williams, J. Mark G., Ridgeway, Valerie A., Soulsby, Judith M. e Lau, Mark A. "Prevention of Relapse/Recurrence in Major Depression by Mindfulness-Based Cognitive Therapy". *Journal of Consulting and Clinical Psychology*, v. 68, n. 4, p. 615-623, 2000. doi: 10.1037//0022-006X.68.4.615.

Thimm, Jens C. "Personality and Early Maladaptive Schemas: A Five-Factor Model Perspective". *Journal of Behavior Therapy and Experimental Psychiatry*, v. 41, n. 4, p. 373-380, 2010. doi: 10.1016/j.jbtep.2010.03.009.

Tice, Dianne M. e Baumeister, Roy F. "Longitudinal Study of Procrastination, Performance, Stress, and Health: The Costs and Benefits of Dawdling". *Psychological Science*, v. 8, n. 6, p. 454-458, 1997.

Tolin, David F. "Is Cognitive-Behavioral Therapy More Effective Than Other Therapies? A Meta--Analytic Review". *Clinical Psychology Review*, v. 30, n. 6, p. 710-720, ago. 2010. doi: 10.1016/j.cpr.2010.05.003.

Trungpa, Chögyam. *Shambhala: The Sacred Path of the Warrior*. Boston: Shambhala, 2007.

Vogel, Erin A., Rose, Jason P., Roberts, Lindsay R. e Eckles, Katheryn. "Social Comparison, Social Media, and Self-Esteem". *Psychology of Popular Media Culture*, v. 3, n. 4, p. 206-222. 2014. doi: 10.1037/ppm0000047.

Walsh, Roger. "Lifestyle and Mental Health". *American Psychologist*, v. 66, n. 7, p. 579-592, 2011. doi: 10.1037/a0021769.

Watters, Paul Andrew, Martin, Frances e Schreter, Zoltan. "Caffeine and Cognitive Performance: The Nonlinear Yerkes–Dodson Law". *Human Psychopharmacology: Clinical and Experimental*, v. 12, n. 3, p. 249-257, 1997. doi: 10.1002/(SICI)1099-1077(199705/06)12:3<249::AID--HUP865>3.0.CO;2-J.

Winbush, Nicole Y., Gross, Cynthia R. e Kreitzer, Mary Jo. "The Effects of Mindfulness-Based Stress Reduction on Sleep Disturbance: A Systematic Review". *Explore: The Journal of Science and Healing*, v. 3, n. 6, p. 585-591, 2007. doi: 10.1016/j.explore.2007.08.003.

Wise, Roy A. "Dopamine, Learning and Motivation". *Nature Reviews Neuroscience*, v. 5, n. 6, p. 483-494, 2004. doi: 10.1038/nrn1406.

Wood, Alex M., Froh, Jeffrey J. e Gerahty, Adam W. A. "Gratitude and Well-Being: A Review and Theoretical Integration". *Clinical Psychology Review*, v. 30, n. 7, p. 890-905, 2010. doi: 10.1016/j.cpr.2010.03.005.

Wright, Steven, Day, Andrew e Howells, Kevin. "Mindfulness and the Treatment of Anger Problems". *Aggression and Violent Behavior*, v. 14, n. 5, p. 396-401, 2009. doi: 10.1016/j.avb.2009.06.008.

Índice remissivo

A

Abordagem plenamente atenta 69
Aceitação 70, 71, 73, 78, 116, 124
Acontecimento 47
Adivinhação 45
Agir (comportamental) 5, 83, 86, 102, 115
Agitação contínua 9
Agorafobia 96
Álcool 19, 121
Alongamento 124
Ameaça 49, 101
Ansiedade 8, 50, 71, 92, 93, 95, 100, 101
Ansiedade social 8
Aplicação da TCC 13
Argumento emocional 44
Ar livre 77
Atenção para fora 104
Atenção plena 68
Atenção seletiva 111
Ativação comportamental 25, 30, 33, 126
Atividade cerebral 22
Atividade física 135
Atividades cotidianas (diárias) 39, 78
Atividades em um calendário 32
Atividades relaxantes 128
Atividades revitalizantes 30
Autocuidado 132

B

Beck, Aaron T. 2, 25, 44
Beck, Judith S. 56
Bem-estar 131
Benefícios de objetivos atrativos 14
Benefícios do *mindfulness* 71
Brigas 115
Burnout 130
Burns, David D. 44

C

Cafeína 121
Calma 108
Caminhada plenamente atenta 79
Cérebro 100, 124
Chögyam Trungpa, Shambhala 70
Ciclo de comportamentos 121
Ciclo de sono quebrado 123
Ciência clínica 7
Cigarro 19
Coach 121
Colaboração e a participação ativa 3
Comece com o positivo 64
Como começar a meditar 74
Como e por que a TCC funciona 5
Como identificar pensamentos problemáticos 43
Como o *mindfulness* ajuda 72
Como podemos praticar *mindfulness*? 73

Como você mesmo pode se ajudar? 7
Comportamento(s) 24, 41, 49, 52, 71, 94
Comportamento alheio 114
Comportamentos de segurança 103
Compulsões 98
Comunicação clara 111
Consciência 69, 73, 127
Consciência de nossos pensamentos e emoções 72
Consciência do corpo 79
Consciência plena 78
Construindo novas crenças centrais 62
Controle de nossas emoções 72
Corpo 124
Crença alternativa 63
Crenças centrais 56, 60, 110
Crenças sobre ter de fazer algo de forma "perfeita" 85
Culto 76
Custos da raiva excessiva 112

D

Decepção 42
Decida começar 85
Defina objetivos 13
De onde vêm nossas crenças centrais? 61
Depressão 7, 24, 50, 71, 72, 133
Desafios de comer para ter saúde 125
Desconforto 88
Desconforto físico 115
Desesperança 49
Despersonalização 96
Desrealização 96
Dieta 125
Dieta mediterrânea 124, 125
Dieta saudável 125, 126
Dificuldade de cada atividade 31
Dificuldade para agir de acordo com seus objetivos 43
Dificuldades de relacionamento 71

Distorções cognitivas 44
Dor crônica 71
Drogas, álcool ou cigarro 19

E

Elementos do tratamento 4
Ellis, Albert 2
Emoção 47
Emoções difíceis 136
Emoções fortes 120
Emoções primárias 117
Energia 121
Entendendo a raiva 109
Entretenimento 89
Episódios de raiva 111
Erro de pensamento 44, 45, 51, 53, 63
Esclareça valores para cada área da vida 26
Escolha objetivos importantes para você 15
Espiritualidade mística 76
Esquemas 57
Estado de inatividade 122
Estratégias cognitivas 120
Estratégias comportamentais 86
Estratégias de *mindfulness* 88
Estratégias para atingir objetivos 26
Estratégias para lidar com a raiva excessiva 112
Estratégias para superar a preocupação, o medo e a ansiedade 99
Estratégias para vencer a procrastinação 83
Estratégias Pensar, Agir e Ser 107
Estresse 9, 71, 127, 128, 133
Estresse profissional 123
Estruturas cerebrais 21
Estudos e trabalho 17, 28
Evidências a favor da crença 63
Evidências a favor do pensamento 53
Evidências contra a crença 63
Evidências contra o pensamento 53

Evidências que apoiam seu
pensamento 51
Evidências que não apoiam seu
pensamento 51
Evitamento 97
Evitamento de atividades 25
Exercício 126
Experiência da raiva 110
Expiração 129
Exposições iniciais 106
Expressão da raiva 110

F

Falsa sensação de impotência 45
Falsa sensação de responsabilidade 45
Fenômenos naturais 95
Fé/sentido 17, 28
Fobia específica 95
Foco 89
Forma mais precisa e útil de ver a
situação 51
Formulário de valores e atividades 28
Fraqueza 78
Freud, Sigmund 1
Funções cerebrais 22

G

Gatilhos 110, 112
Gentileza 120
Gratidão 133, 134
Guia de iniciante da TCC 1

H

Hábitos 121
Hierarquia 106
Hiperexcitação 98
Humor 121

I

Identificando suas crenças centrais 58
Incerteza 105
Injustiça 49

Insônia 71, 121
Interação com o mundo real 130
Interrupções 87
Ioga 79, 128

J

James, William 26

K

Kabat-Zinn, Jon 3

L

Leitura de mentes 45
Leitura do corpo 73
Lembretes externos 86
Levando a consciência plena a suas
rotinas diárias 77
Lidere por meio da ação 26
Linha de raciocínio 48
Lista de tarefas 89

M

Manifestações físicas de medo 103
Marcha certa 14
Medicação 123
Medicamentos psiquiátricos comuns
6
Meditação 74, 78, 134
Meditação de compaixão 73
Meditação para lidar com a raiva 118
Medo 82, 92, 95, 105
Medo avassalador 92
Memórias 21
Mente 68, 69, 128
Mindful 124
Mindfulness 3, 8, 67, 68, 70, 78, 100,
117, 120
Mindfulness em ação 75
Mitos do *mindfulness* 76
Movimento 18
Mudança repentina na direção de
emoções negativas 43

160 Terapia cognitivo-comportamental

Mudanças no pensamento e no humor 97

N

Natureza 131
Necessidades 116
Nível ideal de ansiedade 94
Nutrição 19

O

Objetivos atrativos 14
Objetivos que nos preparam para o sucesso 14
Obsessões 98
Ordem de realização 31

P

Padrões de emoção 49
Padrões de pensamentos negativos 41
Pânico 8
Pensamento(s) 46, 47, 73, 94, 110
Pensamento enviesado 112
Pensamento negativo automático 5, 48, 57
Pensamento preto e branco 44, 63
Pensamentos automáticos 60, 64, 65
Pensamentos catastróficos 123
Pensamentos lenientes 82, 84
Pensamentos problemáticos 37, 43
Pensar (cognitivo) 5, 83, 84, 99, 112
Pensar de forma holística 34
Pequenas recompensas 88
Personalização 45
Pilares da TCC 80
Planejamento de atividades para momentos específicos 36
Plano de ação em torno de seus objetivos 33
Plano de administração do estresse 135
Poder dos pensamentos 42
Por que evitamos as atividades? 25

Por que temos crenças centrais? 57
Posturas desafiadoras 73
Praticando o positivo 64
Prática religiosa 76
Prática repetida 7
Práticas formais de *mindfulness* 73
Prática terapêutica 3
Preocupação 9, 92, 93, 107
Presença 69
Presença consciente 137
Prevenção a recaídas 4
Previsões 102
Princípios da TCC 3
Problema de procrastinação 81
Problemas cardíacos e digestórios 127
Problemas de dormir pouco 122
Procrastinação 81, 82, 83
Procrastinação na internet 89
Progresso 88
Psicanálise 1

Q

Quebrando padrões de pensamentos negativos 50
Questões psicológicas 72

R

Racionalização 84
Raiva 10, 50, 110, 114
Raiva excessiva 71, 108, 111
Raiva problemática 108
Reação racional 65
Reações raivosas 115
Reatividade 73
Recomendações dietéticas específicas 124
Recreação e lazer 20, 29
Redução do estresse baseada em *mindfulness* (MBSR) 79
Reforço negativo 82
Registro das atividades 37
Registro das coisas que deram certo 66

Regularidade 90
Relacionamentos 16, 28, 130
Relaxamento 124
Relaxamento muscular progressivo 128
Relaxamento profundo 129
Respiração 104, 129
Respiração consciente 117
Respirações lentas 128
Responsabilidades domésticas 20, 29
Resultado específico 74
Revendo sua história 62
Roteiros 57
Ruminação 112
Ruminação de raiva 116

S

Saúde física 18, 29
Saúde mental 124
Segal, Zindel 3, 71
Sensação de estresse 128
Sensação de pressão 113
Sensações corporais 73
Sensações físicas 110
Sentido 17
Sentimento(s) 52, 94, 110
Sentimento negativo 43
Ser (*mindfulness*) 5, 83, 88, 103, 116
Ser específico 14
Ser pontual 85
Ser realista 15
Ser seu "próprio terapeuta" 4
Síndrome do pânico 8, 96
Sistema imune 127
Sistema límbico 21
Situação de gatilho 110
Sono 19, 122, 123
Sonolência 122
Subtarefas administráveis 87
Superando os obstáculos 34
Suposições sobre o que "tem que" acontecer 114

T

Tarefas grandes 35
TCC tradicional 72
Teasdale, John 71
Técnicas cognitivas, comportamentais e de *mindfulness* 99
Tecnologias 130
Temas comuns em nossos pensamentos 49
Tempo 85, 115
Tempo ao ar livre 131
Tempo definido 4
Tempo imerso na vida real 130
Terapia baseada em *mindfulness* 3
Terapia cognitiva 2
Terapia cognitiva baseada em *mindfulness* 71
Terapia cognitiva e de comportamento 2
Terapia comportamental 1
Terapia de aceitação e compromisso 72
Terapia de exposição 105
Terceirizar a felicidade 45
Terminologia 92
Testando as evidências atuais 63
Trabalho 17, 82, 87
Transtorno de ansiedade generalizada (TAG) 97
Transtorno de ansiedade social 96
Transtorno do déficit de atenção e hiperatividade (TDAH) 71
Transtorno do estresse pós-traumático (TEPT) 22, 95, 97
Transtorno obsessivo-compulsivo (TOC) 71, 95, 98
Transtornos alimentares 71
Transtornos de ansiedade 125
Transtornos de humor 11
Treinamento estruturado 6
Três pilares da TCC 80

V

Valores 26, 27, 30

W

Williams, Mark 71

Z

Zona livre de distrações 86